数字场景设计

□ 张菲菲 编著

高等院校艺术学门类
"十四五"规划教材

A R T   D E S I G N

华中科技大学出版社
http://www.hustp.com
中国·武汉

内 容 简 介

本书是有关数字场景设计的专业教材,主要内容涉及游戏设计、戏剧影视美术设计、动画等专业的场景设计与制作专业知识。

本书分为概论、理论知识讲解和实例制作讲解三大部分。概论主要说明数字场景设计的基础;理论知识讲解部分主要是对二维绘图软件的应用技巧、场景设计的理论进行分析;实例制作部分通过几个典型的场景实例,让读者掌握游戏场景、影视特效场景、动画场景的基本制作流程和方法。本书综合性较强,凝结了数字场景设计理论和实践的精华,有助于相关专业学生和从业者培养并提高综合素质。

本书既可以作为各类院校数字媒体艺术专业相关课程的教材,也可以作为专业领域的实战指导手册。刚刚进入游戏、数字媒体艺术、影视特效、动画制作领域的读者可以通过本书了解目前较为先进的数字场景制作技术。

图书在版编目(CIP)数据

数字场景设计/张菲菲编著.—武汉:华中科技大学出版社,2021.5(2025.2 重印)
ISBN 978-7-5680-7130-7

Ⅰ.①数… Ⅱ.①张… Ⅲ.①数字技术-应用-背景-研究 Ⅳ.①TN01

中国版本图书馆 CIP 数据核字(2021)第 091323 号

数字场景设计 张菲菲 编著
Shuzi Changjing Sheji

策划编辑:彭中军
责任编辑:白 慧
封面设计:优 优
责任监印:朱 玢
出版发行:华中科技大学出版社(中国·武汉) 电话:(027)81321913
　　　　　武汉市东湖新技术开发区华工科技园 邮编:430223
录　　排:武汉创易图文工作室
印　　刷:武汉市洪林印务有限公司
开　　本:880 mm×1230 mm　1/16
印　　张:8
字　　数:259 千字
版　　次:2025 年 2 月第 1 版第 3 次印刷
定　　价:49.00 元

前言
Preface

　　《数字场景设计》是一本针对动漫、游戏、影视特效专业中前期场景设计的教材。据作者调研,目前图书市场上的同类教材一般有两种形态:其一是分类较细的场景设计教材,例如《动画场景设计》《游戏场景设计》《国际游戏场景概念艺术设计》等;其二是以实际案例为主导的场景设计教材,例如《中式建筑场景设计与绘制技法》《数字绘景指南》《漫画背景表现技法》等。这些现有的场景设计教材知识体系完备,在内容方面各有千秋。而促使作者完成本书的一个重要原因是,作者在多年的场景设计教学中发现,当代高校相关专业的学生在技能培养和作品创作中需要面对更加复杂、综合性更强的场景设计任务。他们未来走上工作岗位时,需要展示自己在数字场景设计方面的综合实力,他们需要具备动漫、游戏、影视特效等领域的专业素养,需要掌握实际的场景设计方法与绘制技巧。本书就是在这样的背景下诞生的。

　　数字场景设计工作的核心是设计思维的合理呈现。场景设计与角色设计在设计方法和流程上有许多相同点,也有一些明显的差异。其相同点在于设计流程均需经历前期调研、中期推敲、后期修改完善;其不同点在于角色设计关注人物外貌、气质、衣着的塑造,而场景设计更注意自然和人文因素,为观众和玩家营造真实可信的环境。简而言之,一个角色需要通过设计得到观众和玩家的喜爱,而一个场景设计也需要通过设计使观众和玩家信服。无论这两种设计中的哪一种,实施的着眼点都在于数字影视、动漫、游戏作品中概念美学的体现,这是一个作品成功的保障。

　　除了本书介绍的数字场景设计基本方法及流程,提升数字场景设计能力的重要途径还包括阅读一些人文建筑类书籍,了解建筑史的发展脉络。这是因为人文建筑设计在数字场景设计中属于难度较大的一类,重要性也比较强。在人类设计史中,建筑设计采用的是典范式设计体系。设计师在人文建筑设计过程中创造的一些典范,在建筑设计发展过程中逐渐凝聚成基本元素而影响后世。例如东方建筑中的顶场景,古希腊建筑中的三种柱式,这些典范不仅在建筑领域作为经典流传,在数字场景设计中也常常被使用。

　　本书以动漫、游戏、影视特效中的数字场景设计方法贯穿始终,涵盖了场景设计概述、场景设计基础、场景自然元素、场景人文元素、场景构图设计、场景光影设计、场景色彩设计、场景天气设计、场景规划设计共九大板块的内容。书中使用的案例图片围绕教材主要结构展开,说明性较强,图片资料来源均为国内外优秀数字场景作品,风格涉及写实、表现等,数字场景设计的综合性和多样性都有所体现。

　　本书的顺利完成,首先要感谢四川师范大学影视与传媒学院的大力支持,还要感谢四川师范大学张晓老师和杨冬梅、左桂源、张紫毅等同学提供的帮助。书中的内容虽经过作者精心设计,但仍然无法达到尽善尽美的程度,还存在值得深入研究的部分。如果读者朋友们能从本书介绍的数字场景设计思维和方法中有所启迪和收获,则是作者最大的荣幸。

张菲菲

2021 年 4 月 19 日

目录
Contents

Shuzi Changjing Sheji

第一章
场景设计概述

1.1
数字场景设计概念

1)数字场景设计基本概念

数字场景设计服务于数字化影视、动画和游戏作品创作,属于视觉艺术风格搭建阶段的一项极具原创性的工作。数字场景设计作为影视、动画、游戏制作前期的一个重要环节,需要场景设计师根据文案或剧本制定整部作品的场景美学构思和实施计划。

我们之所以把数字场景设计作为一门综合性的学科来学习,首先是因为当代数字技术正向着共同的方向发展,数字场景设计也依靠数字平面制作技术和数字三维技术呈现出高度融合的趋势。一方面,当代影视、动画和游戏作品的创作对数字视觉特效制作技术的需求愈加强烈;另一方面,数字绘画技术的迅猛发展也扩大了数字场景设计的表现范围。影视艺术、动画艺术、游戏艺术之间的交流通道是通畅的,它们彼此互相借鉴、互相影响。我们惊喜地看到,从倾向于表现天马行空的幻想场景到展现现实主义、超现实主义艺术风格的真实场景,都能在影视、动画、游戏的创作中得以呈现。

由于影视、动画、游戏中的数字场景设计涉及的知识领域、设计原理和设计方法有共通之处,比如对透视原理的掌握,对自然和人文元素的表现形式,对设计内容的创新性要求,所以我们在数字场景设计的学习与训练过程中,完全可以制定统一的绘画基础训练方案,利用系统的设计训练来提升整体的设计表达水平。

我们知道影视、动画和游戏作品本身是针对不同需求的受众创作而成的,观众或玩家对不同形式的作品有着不同的诉求,所以在制作标准和要求上,不同形式的作品也具有比较明显的差异。影视和动画作品需要通过镜头叙事,也需要通过画面传达故事内涵,这就对场景设计的叙事表达有较高的要求;而游戏作品由于具有虚拟性,同时需要玩家与其内容之间产生互动,所以场景设计更加注重体现交互性,并通过关卡地形的设置凸显游戏的娱乐性;同为影视作品的电影、电视以及动画,由于叙事方式、剧情内容、制作手段的不同,对数字场景设计的依赖程度也是有差别的。

我们在影视、动画、游戏三个行业中,对"场景"这一概念存在混淆使用的情况,而实际上,"场景"的概念有着不同的内涵。在时间维度上,影视作品和动画作品是利用基本固定的时间段,强制性地使观众接受和信任影片设计的虚拟世界;而游戏作品在玩家体验的时间长度上没有强制性要求。在空间维度上,影视作品和动画作品主要基于叙事要求来制定场景设计的工作内容;而游戏作品的场景主要是指同一关卡内需要呈现的地图和背景的总量。总的来说,数字场景中的"场"是作品的一个段落单位,是一个片段的意思,代表了受众消费的"时间"概念,数字场景中的"景"意味着景物内容的多寡,代表了受众可探索的"空间"概念。所以数字场景设计就是以数字技术为基础,以一定的时间长度为创作范围,完成相对应的空间范围的设计和呈现。

2)数字场景设计与数字绘景

数字场景设计属于前期创造性工作,涉及作品的美学特征和艺术概念的敲定。场景设计就是指作品中除角色设计以外的随时间变化而变化的一切景物的造型设计,数字场景设计在大多数情况下是针对现实生活中不曾出现过、已经消失的或人类不能到达的场景进行描绘和艺术化加工。数字场景设计需要探讨一部影片、一部动画或一个游戏的创意、设计和氛围,并为影视制作中的数字绘景、动画背景绘制、游戏背景画面绘制等后期制作工作的实施提供依据,所以数字场景设计也可以称为概念艺术设计。这项工作涉及大量创意和想象,也需要对人类文明史、艺术史和美学原理有充分的理解,在作品概念的打磨阶段,需要进行各种尝试和筛选,以便为作品的进一步创作打下牢固的基石。

　　近年来,数字绘景逐渐受到专业人士和广大观众的关注,而这一概念实际在电影诞生的初期就存在。"绘景"也称遮罩绘画、接景绘画,是一种在电影拍摄与制作中为实现实际并不存在或本身不完整的景色或氛围的技艺,它同时结合了画面合成技术与绘画艺术,绘景艺术家会根据导演和剧情的需要绘制整个场景,或对现有的拍摄场景进行扩充。数字技术的日超成熟,使得当代影视创作能够突破现实条件的限制,艺术家能驾轻就熟地把概念阶段的构思草图完善成平面设计作品,再利用后期特效软件实现平面景物的立体化和全景化(见图 1-1)。

图 1-1　数字场景设计与数字绘景

1.2
数字场景设计分类

1）按应用领域分类

按照数字场景设计应用服务的领域，可将其分为影视场景设计、特效场景设计、动画场景设计、游戏场景设计。

影视场景的搭建布置可能会涉及实物制作和实景采集，在设计中就要突出一个"实"字，不仅绘画风格倾向于写实，在设计物与景时也需要做大量的实际调查。

动画场景设计一般是为二维或三维动画片服务。由于动画制作一般不采用真人表演，所以影片的虚拟美学特征更明显。动画场景设计一般更注重想象力和艺术语言的表达。特效场景设计比较接近于动画场景设计，但在设计过程中要考虑真人、实景与虚拟绘景的结合问题。

游戏场景设计对玩家在游戏中的互动体验要求很高，在设计过程中除了要完成一般性的场景设计工作，还要为后期地形设计提供依据。总的来说，游戏场景设计比较强调玩家和游戏世界的互动以及玩家体验深度的递进。

2）按工作流程分类

数字场景设计属于数字概念设计的一个部分，我们应该明确这一事实：数字场景设计工作面向的人群是作品创作团队，所以所有的数字场景设计图是不直接面对观众的。一般一部作品在对外宣传时，会向公众公布一些最终敲定的设计图纸和气氛宣传图，但这并不是设计师们全部的工作量。前期的设计工作充斥着大量的淘汰和筛选，有大量的探索阶段的设计稿最终被扔进了垃圾桶。基于这一事实，对前期的设计来说，更加注重设计构思的"总量"，可以适度忽略单张作品的"画质"。

按工作流程分类，数字场景设计包含气氛设计、细节设计、整体规划设计，这些工作共同构成了数字场景概念设计。其中气氛设计一般会对经典的镜头或重要的关卡进行一个意象的呈现，为后期制作提供参考，气氛设计一般会对作品的光线、色彩、风格进行提示。细节设计一般会进行平面图、剖面图、结构线描图、效果图等的设计。整体规划设计主要是对一个场景内的所有景物的分布和功能进行规划与设计，所以一般会有平面图、立体地形图、建筑轴测图等设计内容。

数字游戏场景设计图如图 1-2 所示。

图 1-2　数字游戏场景设计图

1.3
数字场景设计功能

　　数字场景设计由于应用领域的不同,在功能上也有一些差别,总的来说,有以下六点。

　　(1)塑造空间关系:数字场景设计的首要功能,就是在影视、动画、游戏作品中塑造合理的活动空间,给作品中的角色提供一个表演的舞台。这个空间关系既需要符合正常的视觉透视规律,又要顺应角色的运动轨迹。在影视、动画中,空间关系的表现受制于景别的大小、摄影角度和摄像机运动路径的设计;在游戏中,空间关系的设计要考虑到玩家自由探索的范围和能力,还要考虑到游戏整体体量的大小。

　　(2)展现美术风格:无论是游戏、动画,还是影视特效中,场景设计都要遵循剧本或文案指定的美术风格。这一工作过程需要与角色设计风格进行匹配和统一。

　　(3)渲染情绪基调:观众在影视、动画游戏作品中,除了通过人物的表现来感知各种情绪以外,还可以通过数字场景渲染出的气氛体验剧情发展和人物情绪。场景设计师通过调动画面内的构图、光影、色彩等因素,引导观众与作品产生心理共鸣,从而使观众更深刻地体验到作品的内涵。

　　(4)烘托角色动作:数字场景设计需要对整个影视、动画、游戏作品空间进行统一整理,为角色提供表演空间。特别是在动作游戏中,数字场景设计必须充分考虑角色的动作设计,利用特殊的地形地势来烘托角色。

　　(5)突出叙事效果:数字场景设计的功能不仅仅是为角色提供表演的空间,有时还会利用场景内的道具布局和光影设置来暗示人物性格和故事发生的时代背景,有时还会利用线索道具来引导观众进一步理解剧情。

　　(6)组织场面调度:组织场面调度的功能主要体现在影视、动画中,每个不同景别的构图决定了场景设计的构图原则。

1.4
数字场景设计赏析

　　(1)场景设计草图(见图1-3)。
　　(2)场景设计线稿(见图1-4)。
　　(3)场景设计黑白稿(见图1-5)。

图 1-3　场景设计草图

图 1-4　场景设计线稿

图 1-5　场景设计黑白稿

（4）场景设计气氛图（见图 1-6）。

图 1-6　场景设计气氛图

（5）偏向写实主义的设计风格（见图 1-7）。

图 1-7　写实主义风格的场景设计

　　写实主义场景设计的特点是通过写实绘画的手段，使画面呈现出逼真的视觉效果，给观者带来贴近现实生活的环境体验。虽然这种风格的场景设计要求画面接近照片拍摄效果，但并不要求设计内容完全还原现实生活，相反，还会在作品中看到许多天马行空的设计元素。写实主义场景设计比较注意造型与光影关系的深入刻画，在色彩处理上选择较自然的灰色调和较弱的色彩对比关系。

　　（6）偏向表现主义的设计风格（见图 1-8）。

图 1-8　表现主义风格的场景设计

　　表现主义场景设计的特点主要是通过非写实绘画的手段完成场景设置,画面能使观者产生强烈的情绪反应或引发观者的共鸣。通常画面内的元素造型更加抽象、夸张,色彩更加鲜明、饱和。表现主义场景无论是在内容、造型、光影还是色彩的设置上,都更加突出设计师的审美风格。

Shuzi Changjing Sheji

第二章
场景设计基础

2.1
场景设计的硬件与软件

1)场景设计的硬件选择

数字场景设计中的硬件规格对设计有着比较大的影响,电脑的 CPU 处理速度、内存容量、硬盘容量、显卡规格等都影响着设计的效率。值得一提的是,在购置电脑主机时应特别注意显卡的规格,高规格显卡搭配专业的显示器,在设计中能起到事半功倍的效果。

数位板或数位屏是场景设计必不可少的硬件工具,数位板型号众多,尺寸、压感级别、读取速度等规格各有不同。数位屏则可以实现纸上绘画的感受,但占用空间相对较大,价格也更加昂贵。

数字场景设计的硬件如图 2-1 所示。

图 2-1　数字场景设计的硬件

2)场景设计的软件设置

数字场景设计的绘图软件主要有 Photoshop(简称 PS)和 SAI(见图 2-2),有时还可以使用一些 3D 软件作为设计过程中的辅助工具,例如 3ds Max、Maya、ZBrush、C4D(见图 2-3)等。现在很多设计师也开始尝试使用平板电脑的 Procreate 软件进行绘画。PS 软件和 SAI 软件的绘画界面如图 2-4 和图 2-5 所示。

图 2-2　数字场景设计二维绘画软件

图 2-3　数字场景设计三维软件

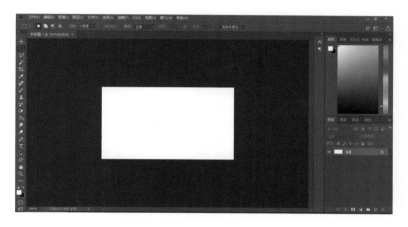

图 2-4　PS 绘画界面

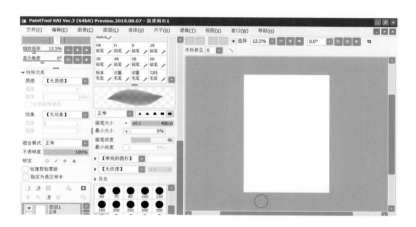

图 2-5　SAI 绘画界面

2.2
场景透视基础

1)一点透视

一点透视(见图 2-6)就是从平视的角度正面观察场景,画面内有一个消失点,指向深处的线条从这一消失点出发,呈放射状散开。以一个正方体为例,三个轴向的线条分别平行于视平线,垂直于视平线,纵深交于消失点。这样的透视画法称为一点透视,也称为焦点透视。以九宫格构图为例,一点透视的消失点位置一般居于画面正中心那一格。这样的处理方式可以使场景中的主体突出,起到聚焦视线的作用。

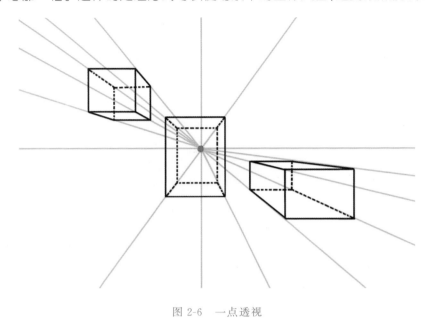

图 2-6 一点透视

2)两点透视

两点透视(见图 2-7)也是从平视的角度正面观察场景,与一点透视不同的是,在视平线上有两个消失点,两点透视一般仅有一个消失点在画面内,或两个消失点均在画面外,这是因为两个消失点距离过近会产生极大的畸变。以一个正方体为例,三个轴向的线条仅有一条垂直于视平线,另外两条分别纵深交于两个消失点,正方体的两个侧面一般面积不相等。这样的透视画法称为两点透视,也称为成角透视。

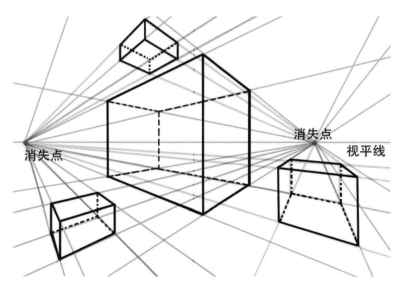

图 2-7 两点透视

3)三点透视

三点透视观察场景的方式有两种:一种是仰视,视平线明显处于地平线上方,视中线上存在一个天点;

一种是俯视,视平线明显处于地平线下方,视中线上存在一个地点,如图 2-8 所示。以一个正方体为例,平视时垂直于视平线的那些边线不再垂直,而是朝着天点或地点延伸并相交。如果画面仰视或俯视时的变化都不是特别明显,就可以使用稍微变形的网格作为辅助,来完成视角的轻微倾斜。

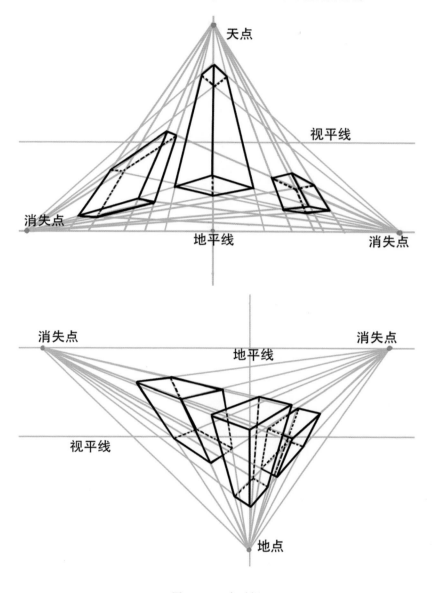

图 2-8　三点透视

4)五点透视

五点透视(见图 2-9)是一种特殊的场景设计方法,是一种类似鱼眼镜头产生的物体中间放大、四周缩小的透视效果,即典型的球面化效果。这种效果的扭曲程度是随着消失点位置的变化而变化的。

5)等距分割与等距测算

人工建筑物会有等距间隔和等距排列的部分。在绘制场景的透视时,等距分割和等距测算是两种非常实用的透视绘制技巧(见图 2-10、图 2-11)。等距分割非常适合绘制窗户、围栏等间距不大的物体;等距测算则适合绘制范围较大、长度较长的景物,如高架桥、间距相等的电线杆等。

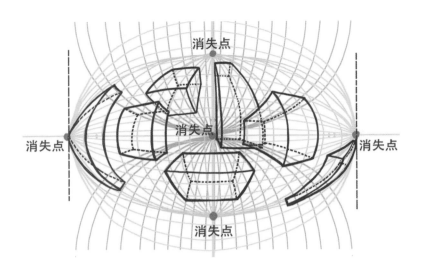

图 2-9　五点透视

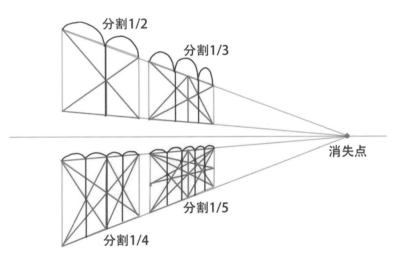

图 2-10　等距分割

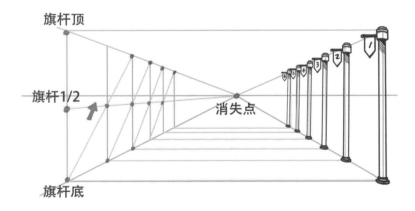

图 2-11　等距测算

6)比例映射法

比例映射法(见图 2-12)适用于绘制等比例的一组建筑物。比例映射需要先设计好一组建筑物之间的主体与间隔关系,然后采用映射的方式,把这个比例合理的绘制在场景内。这种方法可以帮助我们把平面图转化为固定视角的立体效果图。

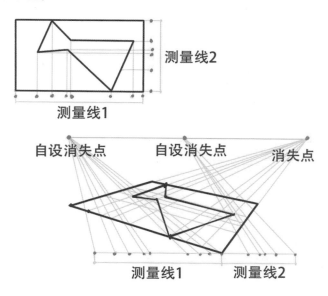

图 2-12　比例映射法

7)透视中的几何形

在透视场景中,除了常见的正方形透视和矩形透视,还有圆形透视和三角形透视,以及不规则几何形透视(见图 2-13)。

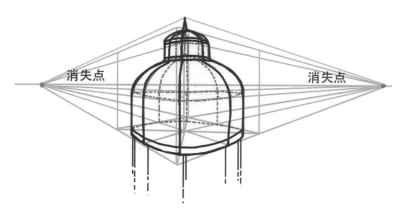

图 2-13　透视中的几何形

8)场景中的人物身高

在透视场景中,如果需要加入人物角色,那么就要利用视平线和消失点,来推测人物在场景中不同位置的身高(见图 2-14)。实际上,我们常常看到初学者在绘制人物或相关场景中的陈设物时,并未考虑人物或陈设物与环境的比例关系。

图 2-14　场景中的人物身高

2.3

软件绘制基础

1)笔刷运用技法

场景绘制不同于角色绘制,在绘制过程中需要使用大量不同类型的笔刷。这一方面有利于提升绘画效率,一方面能更好地表现场景设计中丰富的自然元素和人文元素。在软件中设置笔刷,应同时打开画笔名称、画笔描边和画笔笔尖的预览。场景设计的风格是非常多样化的,其中运用到的笔刷主要有以下几种。

第一类笔刷:草图及勾线笔刷(见图 2-15)。代表笔刷有铅笔、勾线笔,只要具备压感变化即可。在绘制草图时,可以适当调节笔刷的透明度、粗细等参数,使草图或线稿在绘制过程中更清晰、准确。

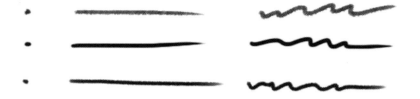

图 2-15　草图笔刷范例

第二类笔刷:圆头笔刷(见图 2-16)。圆头笔刷是比较基础的笔刷,一般来说,可以用圆头笔刷作为铺大色调的笔刷之一,如果圆头笔刷叠加了材质,在后期可作为材质塑造的笔刷。

第三类笔刷:方头笔刷(见图 2-17)。方头笔刷属于塑形能力特别强的笔刷,这类笔刷的表现力十足,比起圆头笔刷来说,更能够快速塑造出物体的体积感,因为边缘线比较清晰,在铺大色块的时候也更容易照顾到边缘细节。如果方头笔刷带有一些纹理,则会形成色粉笔绘画的效果。

第四类笔刷:扁头笔刷(见图 2-18)。扁头笔刷模拟的是纸上绘画的扁头笔触,如马克笔、油画排笔。扁

图 2-16　圆头笔刷范例

图 2-17　方头笔刷范例

头笔刷随着笔刷朝向的不同,会形成粗细差异比较大的线条或色块。利用这类笔刷可以绘制山体、树冠等自然元素,也可以绘制各种造型的建筑物。

图 2-18　扁头笔刷范例

　　第五类笔刷:柔角笔刷(见图 2-19)。柔角笔刷是边缘模糊的圆头笔刷,模拟的是喷枪效果。这种笔刷适合在中后期使用,比如绘制光线效果,绘制柔软的材质,处理画面中的叠色关系等。

图 2-19　柔角笔刷范例

　　第六类笔刷:不规则笔刷(见图 2-20)。不规则笔刷的笔尖形状是不规则的,画出的轨迹也是多样的。在场景设计中,如果能很好地利用这类笔刷,那么在绘制场景气氛图的时候会大大提高效率,并增加作品的画面感。

　　第七类笔刷:水彩/水墨笔刷(见图 2-21),水彩/水墨笔刷是模拟水墨绘画或水彩绘画的各种笔刷,主要分为湿画法和干画法笔刷,有非常强的纸上绘画感。在场景设计中可以用来绘制云雾、水体等元素。在使

图 2-20　不规则笔刷范例

用时一般不可以进行多次叠涂,否则画面中的笔触会比较杂乱。

图 2-21　水彩/水墨笔刷范例

第八类笔刷:纹理笔刷(见图 2-22)。纹理笔刷是在一般笔刷的基础上增加了纹理属性,使得笔刷呈现出在不同材质上绘画的质感,如油画布质感、纸张质感、宣纸质感等。有一些纹理笔刷还可以模拟出干擦、剐蹭、拓印等效果。

图 2-22　纹理笔刷范例

第九类笔刷:素材笔刷(见图 2-23)。素材笔刷主要是直接利用图像,将图像印在画面上。一般适合远景元素和辅助元素的绘制。

图 2-23　素材笔刷范例

2)分层绘制技法

分层绘制(见图 2-24)是很重要的数字绘画技法,其原因主要有三点:

第一,分层绘制可以使绘画过程相对完整地保留下来,草图层、参考线层、灰阶层、色彩层都可以独立保留下来。

第二，PS 等绘画软件的分层功能可以大大提高绘画过程中对画面的控制力，分层调色、分层修改、改变图层透明度、调整图层模式、图层蒙版等功能都是基于分层的概念进行的。

第三，在场景设计时，分层绘制有助于区分场景中的远景、中景、近景。分层设计有利于后期设计天气系统，也有利于增加或删减场景中的可变元素。

图 2-24　场景的分层绘制

3）线稿处理技法

场景线稿一般有两种处理方式：一种是去除线条的处理方式，一种是保留线条的处理方式（见图 2-25）。

去除线条的处理方式主要使用在写实风格的线稿上，一般采用色块起稿的方式，或在上色初期把线稿层的透明度调低，逐步覆盖。保留线条的处理方式，一般也需要把黑色边线处理为灰色，并把图层模式设置为正片叠底模式，或重新为线稿层叠加一层变化的颜色。

图 2-25　线稿处理技法

4)灰阶叠色技法

灰阶叠色技法(见图 2-26)源于古典油画,是利用绘画软件的绘制与调整功能,把画面的"明暗"和"固有色"两个概念区分开来。先塑造不同明度的固有色,再塑造各个固有色的明暗,注意在绘制时逐步区分各种物体的材质。塑造灰阶调子要控制灰度的最深和最浅区域,使画面呈现弱对比效果,否则进入叠色步骤后会出现色彩焦、脏的问题。一般使用"叠加模式"绘制固有色,只有将每个固有色多叠几次,并同时使用"调整"项下各个功能,画面才会出现"透气"的颜色。每个部分的固有色都需要仔细调和,如果灰阶阶段的明度差异处理不好,则进入叠色后仍然需要花时间二次塑造明度与色彩。

图 2-26   灰阶叠色技法

5)画面调色技法

画面调色技法是数字绘画与传统绘画在创作方式上最为不同的一个方面。画面调色技法(见图 2-27)分为直接调整画面颜色和增加色彩调整图层两种方法。这两种方法在功能和参数设计上都比较相似,唯一的不同在于前者几乎是不可逆的操作,而后者设置了额外的调整图层,可变性比较强。

我们在做色彩调整时,需要遵循循序渐进的原则。首先进行整体明度、色相、饱和度的调整,其次进行局部区域的色彩平衡调整,以及单体亮部和暗部的冷暖色调的调整,然后给局部增加"正片叠底""滤色""叠加""柔光""强光"等图层模式,完成局部色彩的烘托,最后使用调整图层进行全局的调整。

图 2-27   画面调色技法

2.4
设计资源管理

1）概念资源的搜集

场景设计是服务于游戏、动漫、影视创作的,属于前期创造性工作。在设计的过程中,必然需要基于作品的剧本、策划方案和相关文学作品搜集相关的视觉素材(见图2-28),这些视觉素材包括作品内容的时代背景,当时的社会环境、自然环境的文献描述和研究资料。对于幻想主题的场景设计,则应该基于作品内容的要求,选取现实生活中类似的时代和环境,进行素材的抽取和融合,这样设计出来的场景,能帮助受众更好地代入设计师创造的环境氛围中。

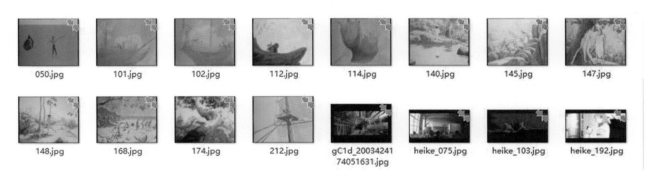

图 2-28　概念资源搜集

2）图片资源的搜集

在没有特定要求的情况下,场景设计过程中需要设计师进行图片和照片资源的搜集(见图2-29),高质量的图片和照片能直接在场景绘画的过程中拼贴和改造,使场景绘制的过程更有效率,但同时需要警惕过度使用图片和照片造成的画面效果不和谐的问题,以及原创性过低的抄袭问题和图片侵权问题。

图 2-29　图片资源搜集

3）素材资源的搜集

在设计中,一般会涉及的素材资源有笔刷、字体、特效、图案这几类(见图2-30)。在设计过程中不断充实素材资源,学习新的素材运用技法,也是扩展自己知识技能的重要过程。设计师在不断的设计练习和素

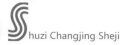

材筛选中,逐步提高自己的技艺,同时进一步提升自己的审美意识。

BRUSHES
(Good Scene Brush PRO3.0).abr
BRUSHES
【菲菲】起稿+勾线.abr
BRUSHES
【神思诀古韵笔刷】注...数哦.abr
360ZIP
PS笔刷稳定防抖插件.rar
ZIP
透视网格插件.zip

图 2-30　素材资源搜集

Shuzi Changji Sheji

第三章
场景自然元素

3.1
天空的设计方法

1）观察天空

我们在观察天空的照片时,会发现天空会呈现出色彩由深到浅的渐变过程。天气越晴朗,深浅变化的差异度越大。天空明度和饱和度的渐变方向基本是由上至下垂直渐变,有时候也会呈现由左上至右下、由右上至左下的渐变方式,这主要是因为我们需要通过这种明度和饱和度的渐变表现出空间远近关系。在实际绘制时,我们可以使用软件里的渐变工具,单独分层绘制天空的渐变。

在不同的天气和时间下,天空会呈现不同的颜色。天空中总是有云彩、日、月、星辰、极光等自然元素,它们配合起来形成一幅画的背景环境。当天空中有其他自然元素时,一定要注意分层绘制。白天的天空和夜晚的天空如图 3-1、图 3-2 所示。

图 3-1 　白天的天空

图 3-2 　夜晚的天空

2）天空的绘制方法

绘制天空时需要注意以下三个问题：

其一，空间位置远近不同导致的近重远淡的明度关系与近鲜远灰的色彩关系。

其二，天光在不同时段和季节下呈现的色彩变化。

其三，在绘制天空的色彩时，既要遵循客观写实的要求，也要考虑到动漫、影视作品对观众主观心理感受的影响，设计时可以用特定的色彩烘托人物心理，进行心理暗示。

天空绘制步骤如图 3-3 所示。

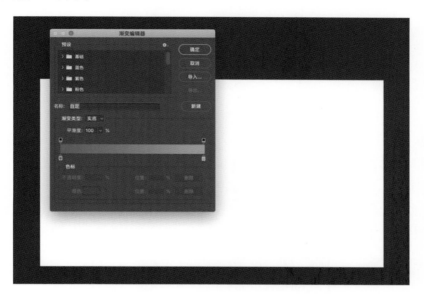

图 3-3　天空绘制步骤

3.2

云朵的设计方法

1）云朵的类型

云朵是天空中比较重要的自然元素，我们需要了解和观察自然界中各种类型的云（见图 3-4）。在场景设计中，既要学会绘制云朵的一般方法，又要观察云朵的特殊变化。

图 3-4　自然界中各种类型的云

2)云朵的透视

云朵的透视关系主要呈现两种排列方式(见图 3-5):

一种是横向排列,云朵呈现近大远小、近疏远密的层层堆叠状态。

一种是纵向排列,云朵呈现近大远小、向画面消失点集中收拢的状态。消失点的位置有时在画面外,有时在画面内。云朵在天空中位置的高低远近,也决定了云朵呈放射状分布时放射角度的大小。

云朵呈横向排列——近大远小、近疏远密

云朵呈纵向排列——向消失点集中

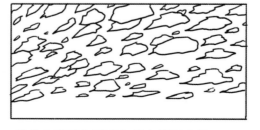

云朵介于横向排列与纵向排列之间

图 3-5　云朵的透视

3)云朵的形态

云朵在现实生活中虽然千变万化,但在设计时,可以对它们的特点进行总结和提炼。云朵的形态可分为以下几个类型:球状云、条状云、羽毛状薄云、点缀型碎云(见图3-6)。

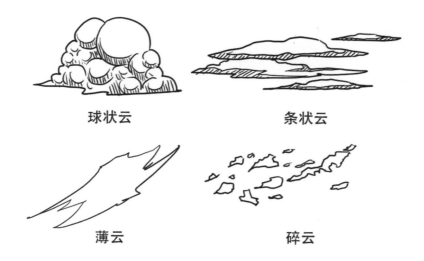

球状云　　　　　　　　　　　　条状云

薄云　　　　　　　　　　　　碎云

图 3-6　云朵的形态

绘制云朵形态的第一步是进行云朵轮廓的设计;第二步是使用刷头可转动的不规则边缘画笔画出剪影造型,在绘制过程中使用同一款橡皮擦工具进行边缘修饰,可使云朵剪影更加灵动;第三步是使用柔角笔刷对部分位置的边缘进行柔和化处理,凸显云朵的视觉特点(见图3-7)。

图 3-7　云朵的绘制

4)云朵的体积与色彩

绘制云朵时要注意表现云朵的体积感(见图3-8)。首先确定光源位置,确定云朵受光面的尺寸和形状,在绘制明暗交界线的时候注意虚实变化。云朵的暗部面积相对较小,色彩变化多而微弱,还要根据天空中折射光和光源的颜色确定反光色彩。

通常白天时,云朵比天空的明度更高,看起来较亮,即使是暗部的颜色也要比天空的颜色更浅。傍晚时云朵比天空更暗,如果有月光或灯光,就需要注意云朵的反光位置,当云朵比较薄时,会产生透光效果。

在绘制云朵的色彩时,可以用柔角笔刷平铺暗部,使云朵给人以柔美的视觉感受。在一些日系风格的插画中,绘制云朵时可以通过图层模式叠加一些高饱和度的粉、橙、紫、蓝、绿等颜色,营造绚烂的视觉效果。云朵的色彩如图3-9所示。

图 3-8　云朵的体积

图 3-9　云朵的色彩

5)云朵的绘制步骤

云朵的绘制主要遵循以下步骤:设计光源位置—云朵的透视设计(横向或纵向排列)—云彩类型设计(参考相应的实物照片)—剪影绘制—表现体积感—色彩绘制。具体如图 3-10 所示。

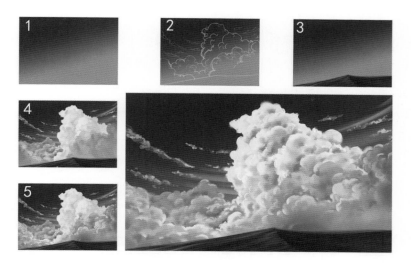

图 3-10　云朵的绘制步骤

3.3
山石的设计方法

1）山的类型

在场景设计中，山体的形态走势一般交代了故事发生的地点和自然环境，有时也体现了故事的隐藏含义。高耸的雪山和低矮的丘陵表达着不同的意味；鲜明的红色山体和布满绿色植被的山体也可以渲染出不同的氛围。在绘制山体之前，需要大量参考自然界的各种山脉、山体、山峰图片素材。大自然的神奇远远超过设计者既往的审美经验，所以进行山体设计时完全不参考资料会使创造力变得枯竭，只能画出呆板无聊、千人一面的山体。山的类型如图 3-11 所示。

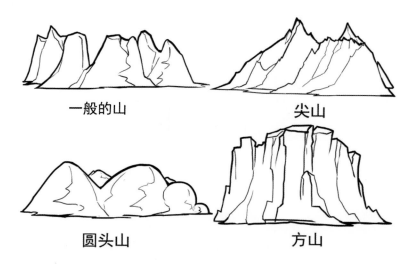

图 3-11　山的类型

2）山的透视

无论是山脉还是山峰，在画面中都不是一种形态规则的视觉元素，和人文建筑比较起来，更难以使用透视线来进行规范化设计。我们可以根据中国传统山水画对山体描绘的三个要求进行画面的布局设计：一是高远，一是平远，一是深远（见图 3-12）。

图 3-12　山的透视

要体现高远的山体布局，可以使用仰视角度和俯视角度的参考线来设计山体形态，这种情况多采用竖构图。

要体现平远的山体布局，可以使用横向和纵向的排列方式来描述山脉的走势，这时使用横构图能更好地展现画面。

要体现深远的山体布局，可以使用焦点透视，增加山体的层次感，以此体现山脉和山峰间的关系。

3）山的形态

虽然山体的样式种类繁多，但我们仍然可以对自然界的山体进行形态上的分类（见图 3-13）：

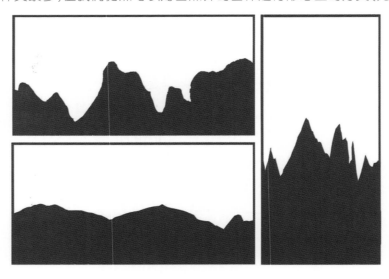

图 3-13　山的形态

一是边缘厚重，外轮廓转折比较平缓的山体，绘制时注意外轮廓线以直线为主，长短变化要错落有致，有一定的节奏感。

二是边缘尖锐，外轮廓转折比较急促的高耸型山体，绘制时要让竖向的外轮廓线占有比较大的比例。绘制时转折的角度要小，有时需要形成低于90度的转角。

三是边缘柔和，外轮廓线适度使用曲线的山体，这种山体一般是因为岩石硬度较软、发生了风化而形成的，也可能代表这个山体形成的时间距离我们看到时已经非常久远了。

4）山的体积与色彩

表现山体体积需要注意山体的整体结构，考虑光源影响下山体的明暗块面关系。还要注意山体表面的整体性，山体的绘画表达应该有整有碎，相对来说，暗部的明度对比不强烈，绘画时需要控制画面、有所取舍；而亮部的细节较多，明暗变化丰富，可以加强细节刻画。

需要牢牢把握住山体转折处的结构。山体与山体间、岩石与岩石间存在前后遮挡关系，所以会形成一些投影，如果对投影进行主次区分，会突出视觉焦点，也能更好地展现光线的衰减。

有些山体的表面，部分或全部会被植被覆盖，那么要把握好覆盖面积与裸露面积的比例关系，还要处理好整和碎的关系，最后需要利用深色区域的绘制突出植被的厚度。山的体积与色彩如图3-14所示。

图3-14　山的体积与色彩

5）山的绘制步骤

山体的绘制主要遵循以下步骤：设计剪影的外轮廓和造型（进行分层绘制）—明暗分区（设计大光源，设计亮暗区域）—亮部刻画（进一步绘制亮部区域的灰色层次）—暗部统一虚化（减少暗部的明度差异）—投影梳理（寻找山体上分布的点状极暗区域）—岩石肌理和植被的描绘（使用相关纹理笔刷和材质贴图）。具体如图3-15所示。

6）石的类型

石头的类型如图3-16所示。石头的绘制其实就是山体绘制的深入版本，可以把山体的绘制技法运用到石头的绘制上。

图 3-15　山的绘制步骤

图 3-16　石头的类型

7）石的形态

石头的形态主要分为圆形、尖形和方形（见图 3-17）。当然，这只是概括性地对石头进行分类。在绘画中要尽量将石头与对应的山体形态相匹配。

8）石的体积与色彩

在绘制时需要强化石块的体积感，并把握整与碎的对比关系，在转折处需要使用边缘较硬的色块，注意提高画面的表现力。绘制的方法是使用较硬的笔刷在转折处进行强化处理，不要使用柔角笔刷来表现转折处的结构，如果想要虚化石块的转折处，可以减弱面与面之间的明度差异。石头的体积与色彩如图 3-18 所示。

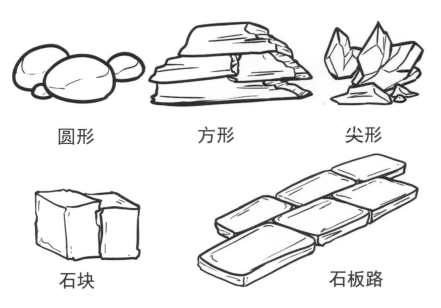

圆形　　　　　　　方形　　　　　　　尖形

石块　　　　　　　　　　　石板路

图 3-17　石头的形态

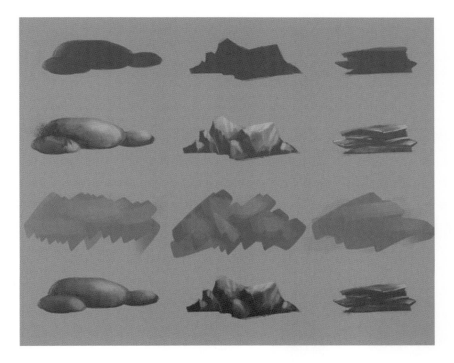

图 3-18　石头的体积与色彩

　　我们在绘制石头时通常需要用三个及以上的灰度来表现图像,明度的跨度不应该太大。然后用肌理笔刷完成石头质感的刻画。刻画的重点集中在亮面,明暗交界的地方应该呈现比较深的色带,而这个色带的绘制需要注意虚实结合,不然容易形成突兀的色块。

　　9)石的绘制步骤

　　石头的绘制主要遵循以下步骤:剪影造型—体积结构—肌理材质(恰当地放在亮部和明暗交界线的位置上)。具体如图 3-19 所示。

图 3-19　石头的绘制步骤

3.4
植物的设计方法

1）植物的类型

植物是自然元素中非常重要的一类。植物设计是一个场景设计中的重要组成部分,能够充分反映场景的自然环境。植物设计包含木本植物、草本植物和其他植物的设计。木本植物又可以细分为高大的乔木和低矮的灌木两个类别。其中乔木一般作为画面中比较重要的元素,而灌木一般作为衬托部分存在。无论是乔木还是灌木,木本植物在绘画时都要分主干、枝干、树冠、叶团四个部分来考虑。树木的类型如图 3-20所示。

图 3-20　树木的类型

2）树木的形态

一棵树的主干决定了树木的整体形态,可谓是画好树干就画好了一棵树的灵魂。在绘制主干时,需要注意主干是单主干、双主干,还是丛生状态(见图 3-21)。如果是单主干,就需要考虑树干是直直挺立还是蜿蜒向上；如果是双主干，就需要考虑两根主干的平衡关系和前后关系；如果是丛生的主干，就要注意各个主干的发散趋势和遮挡关系，还要注意在繁杂的主干关系中梳理出整体的生长趋势。绘制树木一定要多参考相关的图片资料，还要多进行写生和临摹，揣摩树木生长的规律。

　　树木的剪影形态会给人一种心理暗示，它们有的生机勃勃，有的苍劲有力，有的阴森古怪，有的纤细挺立，有的妖娆妩媚……当一棵树作为画面的主要视觉元素存在时，其剪影形态更要突出画面的气氛。而当绘制多棵树木形成的树丛或森林时，则要注意画面层次的区分，以及利用树木之间的视觉负空间。

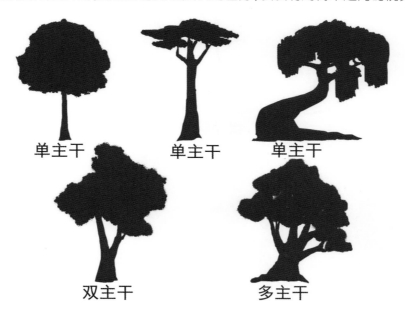

图 3-21　树木的剪影形态

3）树木的体积与色彩

枝干是从树的主干上长出的分支，是树木的细节部分。

枝干是具有前后关系的，因为一棵树并不是平面的。绘制枝干时要考虑空间的表达，需要通过明度变化将枝干的轮廓交代清楚。

由主干到枝干，再到树梢，其形态是逐渐变细、变短的，这反映了树木的生长节奏（见图 3-22）。不同树木的枝干，其发散状态是不同的，这也使得每棵树木都具有不同的面貌。新的枝干由靠近主干位置的树节开始，往上升或往下降，形成视觉上的韵律感。

绘制枝干时避免出现十字交叉、对称、上粗下细、变化规律不统一等问题。

树冠由树木的叶团构成，看上去形态不规则。在绘制时要注意，树冠应该一边茂密、一边稀疏，普遍情况下，树冠茂密的一边是南边。树冠的整体形态也跟树木的类型有关（见图 3-23）。

叶团也是有体积的。叶团与叶团互相遮挡、交融，这就形成了前后关系。在绘画中，主要通过色彩的亮暗、鲜灰程度来区分前后关系。

叶团的投影位置至关重要。在确定叶团上下、前后的位置后，就需要绘制其投影。一般可以用笔刷直接绘制深色区域，或者使用"加深/减淡"工具来塑造投影，也可以使用分了层的深色块，将透明度调低至 15％～30％，叠在需要投影的位置上。

枝干有时候会被叶团遮挡，有时候会在叶团与叶团之间露出来，所以叶团会在枝干上留下投影，而枝干的投影也会停留在叶团上。对于后一种情况，绘画时要注意进行弱化处理，否则叶团的体积感会被细碎的

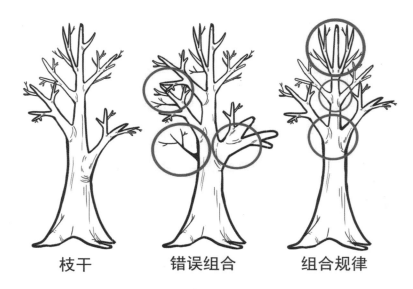

枝干　　　　错误组合　　　　组合规律

图 3-22　树木的枝干形态

图 3-23　树木的树冠形态

投影破坏掉。另外，需要特别注意描绘叶团和树干组合的位置，这会使画出的树木呈现良好的视觉效果。

　　绘制叶团时可以选择倾斜方向固定的扁头笔，围绕中心进行绘制，这样的绘画方式可以自然形成一边茂盛、一边稀疏的叶团。绘制后期可以在表层贴一些树枝、树叶纹理。具体如图 3-24 所示。

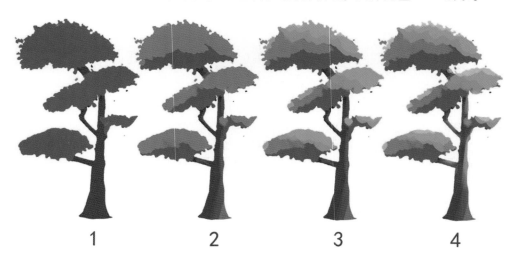

1　　　　2　　　　3　　　　4

图 3-24　树木的叶团绘制

4）树木的绘制步骤

树木的绘制主要遵循以下步骤：剪影形态—主干描绘—枝干描绘—叶团体积描绘—确定叶团前后关系及投影关系—树皮肌理描绘。具体如图 3-25 所示。

图 3-25　树木的绘制步骤

5）花草的类型

草本植物也是场景设计中经常用到的自然元素，草本植物类型繁多（见图 3-26）。我们在这部分需要掌握草坪、草丛、单株花草、花草局部的画法，也需要学地从宏观到微观去观察和理解植物的世界。

图 3-26　花草的类型

在植物的设计过程中,古老的蕨类植物和菌类植物是常常出现的元素,这些植物形态多样,运用得当的话,会给画面带来一些神秘而玄幻的气氛。

6)花草的形态

花草在植物设计中起点缀作用,花草种类繁多,以丛生为主。草丛和花丛的绘画宜简不宜繁,在追求统一的前提下,用喷溅笔刷或花草专用笔刷描绘最外层的花草即可。花草的形态如图3-27所示。

图3-27　花草的形态

7)花草的绘制步骤

花草的绘制主要遵循以下步骤:花草整体外轮廓的设计—花草的分层设计—花草色彩、明暗的变化—草叶之间的遮挡、交错关系—纹理点缀。绘制好的花草如图3-28所示。

图3-28　花草的绘制

3.5
水源的设计方法

1)水的类型

在自然界中,水的形态千变万化,按水体的大小划分类别,有海洋、江河、湖泊、溪流、瀑布、池塘、水洼等

（见图 3-29）。水体在不同时段也呈现出波涛汹涌、微波涟涟、平静如镜等多种状态。

图 3-29　水体的类型

2）水的形态

水是无色透明的，以湖泊为例，水体呈现的视觉效果主要受四个方面的影响：

其一，受天空颜色的影响。水体能实现镜面反射的效果，平静无风的水面能很好地反射天空中的景象。如果水面有波纹，则在波纹的主体反射天光色彩。

其二，受光源的影响。当水面有微弱波纹的时候，波纹的高光面受光源影响，如夕阳下的湖面，水波纹将呈现夕阳的颜色。

其三，受岸边倒影的影响。水面的反射属于镜面反射，如果水面无波，岸边景色将直接倒映在水中；如果有波纹，岸边倒影会聚集在波纹的暗面。

其四，受水底状况的影响。如果水体较浅，就能看到水底石土和水中生物的生活环境，水波高光部分会反射光源的颜色，岸边倒影则呈破碎或狭长状，分布于高光周围。

水体的形态如图 3-30 所示。

图 3-30　水体的形态

水波纹的形态变化特别大,这是因为受风力大小的影响,水面上的波纹也会呈现出近大远小、近疏远密、近长远短的种种特点。水波纹的形态如图 3-31 所示。

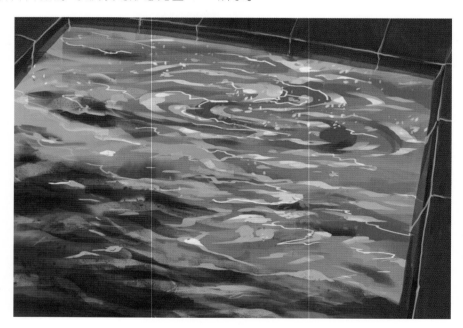

图 3-31　水波纹的形态

浪花的绘制分两个部分,第一是浪的走向,第二是浪花的喷溅。其中浪花的喷溅可以使用专用的水墨喷溅笔刷进行绘制。有时浪花会带起轻微的水汽,可用半透明的柔角笔刷进行补充。浪花的形态如图 3-32 所示。

在绘制溪流和水洼时,由于它们都属于比较浅的水体,所以应先描绘裸露的石块和水边植物,再绘制水

图 3-32　浪花的形态

体的效果。溪流与水洼的不同之处在于，一个是静态的，一个是动态的，波纹和浪花在水体中所占的比例有所不同。还可以结合高光和晕影绘制溪流或水洼的微观图像。溪流的形态如图 3-33 所示。

图 3-33　溪流和水洼的形态

　　在绘制瀑布时，首先需要设计瀑布跌落处的山体形态，山体可呈阶梯状或悬崖状。水体也呈现出两种状态，一是半透明状，隐约露出山体；一是白色高亮状，将山体遮挡住。瀑布的形态由跌落的水体、溅起的水花、水面的波纹、空中的薄雾共同构成（见图 3-34）。

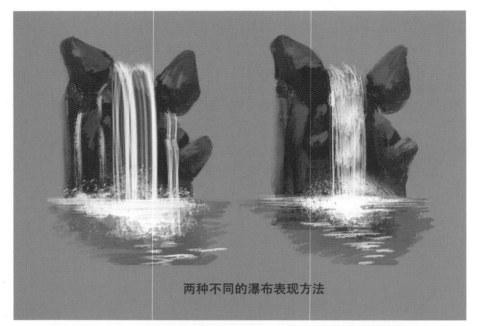

两种不同的瀑布表现方法

图 3-34　瀑布的形态

3）水的绘制步骤

水的绘制主要遵循以下步骤（见图 3-35）：构造水体周边的环境（湖岸环境、河边环境或周围的石块结构)—水面渐变(反映天空和水面的远近关系)—倒影的绘制—波纹的绘制—浪花的绘制—远处天光反射等细节。

图 3-35　水的绘制步骤

Shuzi Changjing Sheji

第四章
场景人文元素

4.1
中式建筑的设计方法

1）中式建筑的结构

古建筑是指中华人民共和国建立之前具有历史意义的民用建筑和公共建筑,其中包括民国时期的建筑。在中国,很多古镇以及部分大城市还保留着一些古建筑。虽然一些古建筑的建造年代离现在很遥远,但其形式和蕴含的文化内容依然值得我们学习借鉴。

中国古建筑以木材、砖瓦为主要建筑材料,以木构架为主要的结构方式,由立柱、横梁等主要构件建造而成,各个构件之间的结点以榫卯相吻合。中国古代木构架有抬梁、穿斗、井干三种不同的结构方式。抬梁式是在立柱上架梁,梁上又抬梁,所以称为抬梁式,宫殿、坛庙、寺院等大型建筑物中常采用这种结构方式。穿斗式是用穿枋把一排排的柱子连起来成为排架,然后用枋、檩斗接而成,多用于民居和较小的建筑物。井干式是用木材交叉堆叠而成的,因其所围成的空间似井而得名。这种结构比较原始、简单,现在除少数森林地区外已很少使用。

因为影视、动漫、游戏作品中对建筑设计的要求主要体现在视觉效果上,所以中式建筑在设计与绘制中,一般会涉及以下几个大的结构:顶、斗拱、重檐、柱子、墙体、台基、阶梯、栏杆、门、窗、其他装饰部件(见图4-1)。

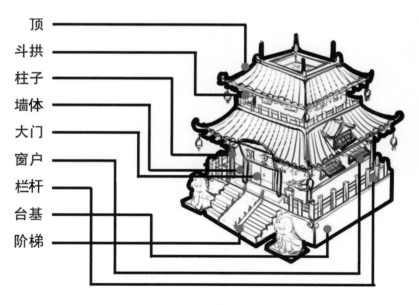

顶
斗拱
柱子
墙体
大门
窗户
栏杆
台基
阶梯

图4-1　中式建筑的基本结构

2）中式建筑的规划

在影视、动漫作品中,建筑的规划布局决定了故事发生的场所,合理的布局有助于推动情节的发展。例如,为《妖猫传》中的极乐之宴所打造的唐城,就很好地展现了盛唐的场景(见图4-2)。

图 4-2　《妖猫传》剧照

在游戏作品中,建筑的规划布局设计是否合理,其意义就更大了,好的规划设计可以引导玩家感受场景的氛围,还可以建立独特的互动体验。例如,《剑侠情缘网络版叁》(简称《剑网叁》)中的各类场景(见图4-3)。

图 4-3　《剑网叁》场景截图

中国古代建筑的平面布局具有一种简明的组织规律,就是以"间"为单位构成单座建筑,再用单座建筑组成庭院,最后以庭院为单元,组成各种形式的组群。单体建筑的平面布局以长方形最为普遍,此外,还有圆形、正方形、十字形等几何形状。整体来看,重要建筑大都采用均衡对称的方式,以庭院为单元,沿着纵轴线与横轴线进行设计,借助于建筑群体的有机组合和烘托,主体建筑显得格外宏伟壮丽。民居及风景园林则通常采用"因天时,就地利"的灵活布局方式。

在中国古代城市的规划和建设中,我们可以观察到大量反映"天人合一"思想的规划理念,中国的建筑可以说非常能体现人与自然和谐共存的观念。大量的城市规划布局中,充分考虑了当地地质、地理、地貌的特点,城墙不一定是方的,轴线不一定是一条直线,自由的外在形式下面是富于道家思想的内在。中国古代城市规划设计图如图 4-4 所示。

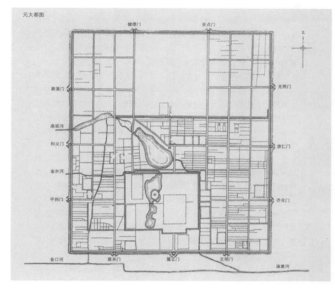
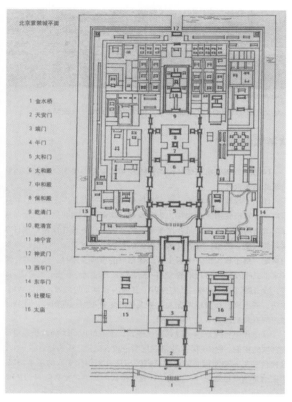

图 4-4　中国古代城市规划设计图

中国古代城市规划强调整体观念和长远发展,除了强调人工环境与自然环境的和谐外,也强调严格有序的城市建筑等级制度。这一理念充分体现了中国儒家思想的内容。这些理念在中国古代的城市规划和建设实践中得到了充分的体现,同时影响了日本、朝鲜等东亚国家的城市面貌。

3)中式建筑的形式

中国古代建筑的研究主要涉及以下类型:皇宫、民宅、陵墓、祖庙和祠堂、宗教建筑、皇家园林和私人园林、院落式住宅、中国乡土建筑、仪式性建筑(见图 4-5)。

中国建筑的等级秩序明显,大体分为八个级别。

第一级:重檐庑殿顶(见图 4-6),用于寺庙中重要的佛殿、皇宫的主殿,象征尊贵,是所有殿顶中的最高等级。

庑殿顶是五脊四坡式建筑,由一条正脊和四条垂脊组成,因此又叫五脊殿。这种殿顶构成的殿宇平面呈矩形,面宽大于进深,前后两坡相交处是正脊,左右两坡有四条垂脊,分别交于正脊的一端。重檐庑殿顶,是在庑殿顶之下,又有短檐,四角各有一条短垂脊,共九脊。故宫中的太和殿是皇帝活动的中心,占据着紫禁城最重要的部位,用的就是重檐庑殿顶。

第二级:重檐歇山顶(见图 4-7),常用于宫殿、园林、坛庙式建筑。

图 4-5　中国古代建筑的类型

图 4-6　重檐庑殿顶

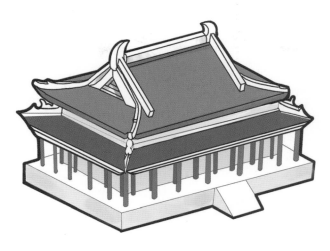

图 4-7　重檐歇山顶

歇山顶也叫九脊殿,除正脊、垂脊外,还有四条戗脊。正脊的前后两坡是整坡,左右两坡是半坡。重檐歇山顶的第二檐与庑殿顶的第二檐基本相同,以使整座建筑物显得富丽堂皇。歇山顶的使用特别广泛,因其造型华丽、结构舒展,也是影视、动漫、游戏作品中最受设计师青睐的样式之一。

第三级:单檐庑殿顶(见图 4-8),用于礼仪盛典及宗教建筑的偏殿或门堂等处,相较于重檐庑殿顶,其样式更简洁,气势会相对弱一些。

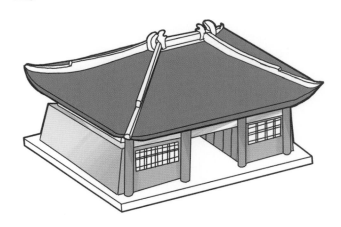

图 4-8　单檐庑殿顶

第四级:单檐歇山顶(见图 4-9),中国建筑等级分明,单檐歇山顶的等级低于单檐庑殿顶,只有五品以上官吏的住宅正堂才能使用,后来也有些民宅开始使用歇山顶。

第五级:悬山顶(见图 4-10),用于民居,不管是实物资料还是文字资料,凡是较重要的建筑,都没有发现用悬山顶的。

悬山顶在等级上低于庑殿顶和歇山顶,仅高于硬山顶,只用于民间建筑,是中国古代建筑中最常见的一种形式。悬山顶有一条正脊,四条垂脊。悬山顶的各条桁不像硬山顶那样封在两端的山墙中,而是直接伸到山墙外面,以支撑悬挑于外的屋面部分。也就是说,悬山建筑的两山部分处于悬空状态。

第六级:硬山顶(见图 4-11),即硬山式屋顶,是中国传统建筑"双坡屋顶"的形式之一。根据清朝的规定,六品以下官吏及平民住宅的正堂只能用悬山顶或硬山顶。

硬山式建筑的两侧山墙同屋面齐平或略高出屋面,屋面以中间横向正脊为界,分前后两面坡。

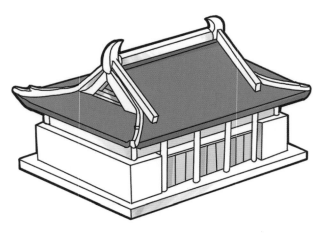

图 4-9　单檐歇山顶

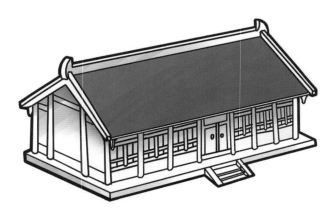

图 4-10　悬山顶

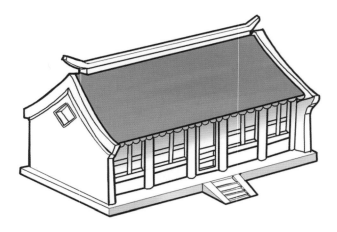

图 4-11　硬山顶

第七级：卷棚顶（见图 4-12），多用于民间建筑。

卷棚式屋顶又称元宝顶、圆山顶，是中国古代建筑的一种屋顶样式。卷棚顶为双坡屋顶，两坡相交处不做大脊，由瓦垄直接卷过屋面，形成弧形的曲面。卷棚顶的整体外貌与硬山顶、悬山顶一样，唯一的区别是没有明显的正脊，屋面前坡与脊部成弧形滚向后坡，颇具曲线独有的阴柔之美。根据左右山墙的悬山式和硬山式不同，卷棚顶可分为悬山卷棚、硬山卷棚。在清代，卷棚顶一般供佣人、太监等的居所使用，或在离宫、行宫中使用,以与正式宫殿相区分。

图 4-12 卷棚顶

无等级:攒尖顶、盝顶、盔顶和平顶等其他屋顶形式。

攒尖顶(见图 4-13)是指建筑物的屋面在顶部交汇为一点,形成尖顶,这种建筑叫攒尖建筑。攒尖顶的垂脊和斜面多向内凹或成平面。盔顶(见图 4-14)是中国古代建筑的屋顶样式之一,其特征是没有正脊,各垂脊交汇于屋顶正中。在这一点上,盔顶和攒尖顶相同,所不同的是,盔顶的斜坡和垂脊上半部向外凸,下半部向内凹,断面如弓,呈头盔状。盔顶多用于碑、亭等礼仪性建筑。

图 4-13 攒尖顶   图 4-14 盔顶

盝顶(见图 4-15)的顶部有四个正脊围成平顶,下接庑殿顶。盝顶梁架结构多用四柱,加上枋子抹角或扒梁,形成四角或八角形屋面。盝顶在金、元时期比较常见,元大都(今北京)中很多房屋都为盝顶。明、清两代也有很多盝顶建筑,如北京故宫内的钦安殿。

4)中式建筑的时空特点

华夏文明拥有灿烂而辉煌的历史,其发展是绵延不断的。华夏文明对东亚文明的影响是巨大的。即使在今天,我们仍然可以在遗留下来的古建筑、文史资料、绘画作品中觅得大量的设计素材,并以此为蓝本设计具有东方风格、蕴含东方哲思的场景。

从时间上来说,设计师需要把握秦汉、魏晋、隋唐、宋元、明清各个朝代的建筑特点,融合当时的社会历史背景,在作品中还原真实的历史氛围和环境。从空间上来说,设计师除了把握南北东西各地区文化的差

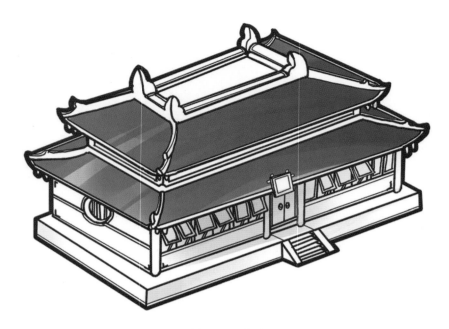

图 4-15　盝顶

异，还要融入各民族的生活习惯，使建筑设计凸显地域特点。

　　5) 中式建筑的设计特点

　　中式建筑在影视、动漫、游戏场景设计中的特点主要体现在建筑房顶的夸张变形、建筑结构单元的合理分割、建筑空间布局的天人合一等三个方面。

　　中式古建筑设计中，屋顶的设计（见图 4-16）尤为重要，除了要遵循基本的等级要求以外，还要在合理的位置增加装饰，调整屋顶与屋身的比例，设计屋檐曲线，装饰屋脊吻兽（辟邪构件）和套兽（防水构件）。

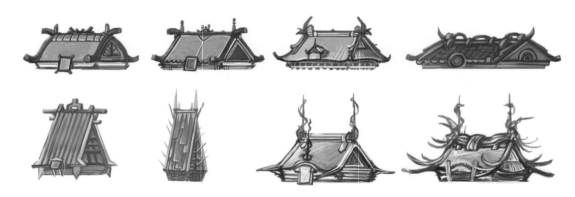

图 4-16　中式古建筑屋顶的设计方法

　　中式建筑结构的设计要注意合理分割各个部分的比例（见图 4-17）。我们在设计时，要对平面图的剪影造型进行多次调整，以便观察外轮廓间的疏密关系，使建筑的外轮廓有张有弛，脱离平庸感。观察时注意从横向和纵向两个维度进行。

　　在对建筑群组进行布局时，要避免出现孤立的单体建筑。一般我们会通过设计路径、辅助建筑和空间层次来完成一组建筑群。中式建筑群的设计如图 4-18 所示。

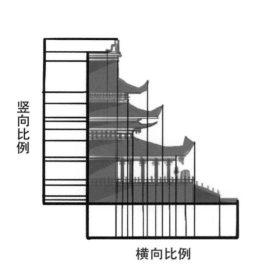

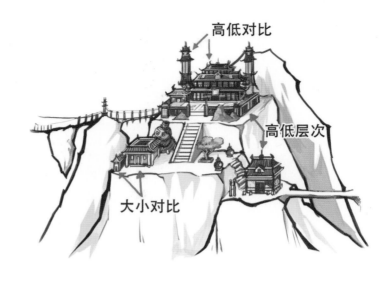

图 4-17 中式建筑结构的设计方法 图 4-18 中式建筑群的设计方法

6)设计立面图与效果图

中式单体建筑的立面设计图和线稿效果图如图 4-19、图 4-20 所示。

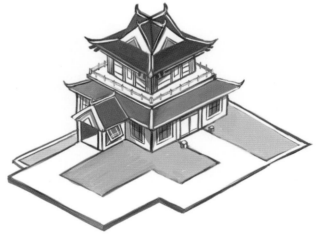

图 4-19 中式单体建筑立面设计图 图 4-20 中式单体建筑线稿效果图

4.2

西式建筑的设计方法

1)西式建筑的结构

中西方建筑艺术的差异首先来自建筑材料的不同,传统的西方建筑长期以石头为主体,而传统的东方建筑一直是以木头为构件的。不同的建筑材料,为其各自的建筑艺术提供了不同的可能性。

西式建筑以非洲为起点,以欧洲为核心,主要分为古典时期之前、古典时期、中世纪时期、文艺复兴时期、近现代时期五个阶段。

古典时期之前涉及三大文明,分别是古埃及文明、两河流域文明、爱琴文明。

古埃及的发展:古王国、中王国、新王国、希腊化时期。古埃及代表建筑如图 4-21 所示。

金字塔　　　　　　　阿布辛贝神庙

图 4-21　古埃及代表建筑

两河流域的发展:古巴比伦、亚述、新巴比伦、波斯、希腊化时期。两河流域代表建筑如图 4-22 所示。

亚述帝国的萨艮王宫　　　古巴比伦空中花园

图 4-22　两河流域代表建筑

爱琴文明:克里特文明、迈锡尼文明。爱琴海地区代表建筑如图 4-23 所示。

迈锡尼古建筑遗迹　　　克里特岛古建筑遗迹

图 4-23　爱琴海地区代表建筑

古典时期主要涉及两大文明,一是古希腊文明,一是古罗马文明。

古希腊建筑:三种柱式、庙宇、圣地建筑群、雅典卫城。古希腊代表建筑如图 4-24 所示。

伊瑞克提翁神庙　　　帕特农神庙

图 4-24　古希腊代表建筑

古罗马建筑：(完善建筑理论，丰富的建筑类型与成熟的建筑形制)宗教建筑万神庙、皇宫、剧场、角斗场、浴场、巴西利卡(长方形会堂)。古罗马代表建筑如图 4-25 所示。

塞尔苏斯图书馆　　　罗马斗兽场

图 4-25　古罗马代表建筑

中世纪时期涉及欧洲文明的两个发展方向：一是东欧文明，一是西欧文明。

东欧建筑：拜占庭风格建筑(延续万神庙结构，见图 4-26)。

东正教教堂　　　圣索菲亚大教堂

图 4-26　拜占庭风格代表建筑

西欧建筑：哥特风格建筑(延续巴西利卡结构，见图 4-27)。

文艺复兴时期是欧洲文明的高光时期，各种文艺思潮涌动，文明也得到了极大的发展。总体来说，崇尚理性和崇尚感性的两种思潮都深刻地影响了当时的建筑风格。

文艺复兴早期：古希腊、古罗马建筑风格，代表建筑如图 4-28 所示。

文艺复兴中期：巴洛克建筑、洛可可建筑、古典主义建筑，代表建筑如图 4-29 所示。

文艺复兴晚期：浪漫主义建筑(哥特复兴)、新古典主义建筑(古典复兴)，代表建筑如图 4-30 所示。

巴黎圣母院　　　　　　　科隆大教堂

图 4-27　哥特风格代表建筑

佛罗伦萨大教堂

图 4-28　古希腊、古罗马风格的代表建筑

圣卡罗教堂　　　　维斯教堂　　　　凡尔赛宫

图 4-29　巴洛克、洛可可、古典主义的代表建筑

圣吉尔斯大教堂　　　　　艾斯特剧院

图 4-30　浪漫主义、新古典主义代表建筑

2）西式建筑的规划

西式建筑的规划也基于历史的发展有所演变。在公元前 500 年的古希腊城邦时期,提出了城市建设的重要模式——希波丹姆模式,这种城市布局模式以方格网的道路系统为骨架,以城市广场为中心,广场是市民集聚的空间。

古罗马时期,城市规划思想深受军事控制目的的影响,城市道路笔直宽阔,建设了大量的宣扬统治者功绩的纪念性建筑,如广场、凯旋门、纪功柱,以及供奴隶主享用的剧场和斗兽场等。

中世纪时期,许多城市都是围绕着封建领主的城堡逐渐发展起来的,由于战争频繁,所以建筑物的设防要求很高,教堂也是城市规划中的重要组成部分。

文艺复兴时期,市政厅逐步取代教堂的地位,成为城市新的中心。

在实际的动漫、影视、游戏设计中,虽然不会完全复制现实生活中的城市规划,但一些规划思想可以帮助设计师进行独特的概念设计。例如,《哈利·波特》系列电影中的 9 又 3/4 站台和对角巷,就突破了一般的城市规划,给观众带来了新奇的体验(见图 4-31)。

图 4-31　电影《哈利·波特》剧照

游戏大作《刺客信条》更是在古代城市规划和建筑设计的基础上进行了艺术加工。《刺客信条：起源》一作中,还加入了城市游览的独立系统,让玩家在完成主线任务之余,还能自主地对古代城市和历史进行探索(见图 4-32)。

3）西式建筑的形式

总体来说,西式建筑发展出来的建筑语言以向上延伸的柱子和几何形状的屋顶为重要句式。相较而言,中式建筑的建筑语言主要是斗拱的复杂组合和飞檐的曲线变化。中西方建筑形式对比如图 4-33所示。

图 4-32 《刺客信条 起源》游戏截图

图 4-33 中西方建筑形式对比

4)西式建筑的时空特点

西式建筑具有明显的阶段性,而且各阶段的建筑有明显差异,这种差异与中式建筑相比要大得多。可见中式建筑具有渐变性,西式建筑具有突变性。因而,西式建筑就形成了区别明显的几类建筑,其中以哥特式建筑、拜占庭式建筑、巴洛克式建筑、古典主义和新古典主义建筑为主要代表。

西式建筑的特点需要从三个方面去把握:一是以大的时代背景为基础,二是以地域空间为设计的核心,三是以不同的建筑风格为主要表现手段。

5)西式建筑的设计特点

西式建筑在影视、动漫、游戏场景设计中的特点主要体现在柱式风格的运用、建筑穹顶的设计、建筑空间的几何形布局三个方面。

西式建筑的柱式主要有三种：多立克柱式、爱奥尼亚柱式、科林斯柱式（见图4-34）。

西方古典建筑的柱式组合主要有三种：列柱、门廊、连续券。

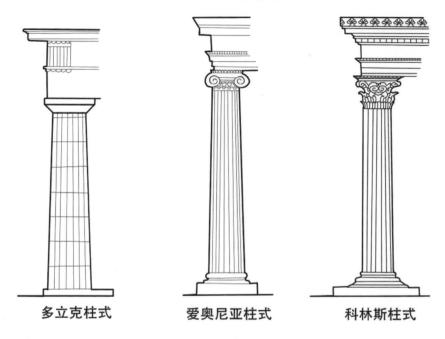

多立克柱式　　　　爱奥尼亚柱式　　　　科林斯柱式

图 4-34　西式建筑的柱式

西式建筑的屋顶明确揭示了建筑流派，同时包含了建筑师的精神内涵（见图4-35）。

图 4-35　西式建筑的屋顶

西式建筑强调建筑艺术的永恒与崇高，一般通过巨大的外轮廓尺寸来凸显人文建筑与自然景观的对立。无论是单体建筑还是建筑群，其造型都使用了大量的几何元素（见图4-36）。

6）设计平面图与效果图

西式建筑的平面图与效果图如图4-37、图4-38所示。

图 4-36 西式建筑中的几何元素

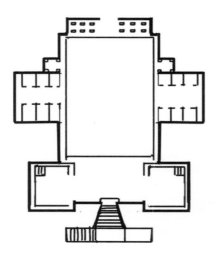

图 4-37 西式建筑的平面图

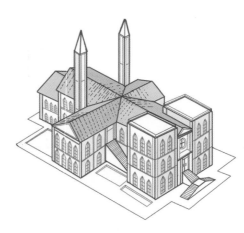

图 4-38 西式建筑的效果图

4.3
近现代建筑的设计方法

1)近现代建筑的结构

近现代时期的建筑因受到三次工业革命的影响和全球化浪潮的冲击,整个建筑风格呈现出工业化、实用化的特点,现代建筑设计中多采用新材料、新结构、新样式。代表建筑如图 4-39 所示。

新艺术运动建筑:大量使用植物元素,受东方风格的影响,如高迪的代表建筑——巴特罗公寓(见图 4-40)。

图 4-39　红屋

图 4-40　高迪的代表建筑——巴特罗公寓

现代主义建筑：包豪斯风格（钢结构与玻璃幕墙）、芝加哥学派（摩天大楼）、赖特草原式建筑（回归自然），如图 4-41 所示。

后现代主义建筑：波普艺术、反主流艺术、生态主义建筑等（见图 4-42）。

2）建筑的概念设计

在动漫、影视、游戏作品中，建筑概念的设计是非常重要的工作。关于概念设计的构想有几大倾向：一是科幻倾向，一是魔幻倾向，一是玄幻倾向。

科幻类作品主要是展现未来科技的发展，通常包含星际旅行、星际战争、高度发达的人类文明、末世废土文化等内容。所以科幻建筑的设计应结合作品展现的人类生存环境。通常会根据影片所描述的社会环

图 4-41　芝加哥学派建筑与草原式建筑

图 4-42　后现代主义建筑

境,选取人类文明真实存在的某一时期的建筑作为创作蓝本,借助想象进行创作,建筑形式一般会借鉴近现代建筑的制式。以此为基础,发展出蒸汽朋克(朋克意味反叛)、赛博朋克、后启示录、未来主义等风格的科幻建筑。科幻建筑如图 4-43 所示。

图 4-43　科幻建筑

　　魔幻类型的作品主要是展现人类古文明背景下的一些具有魔幻色彩的故事,通常涉及西方神话、民间传说、巫术、萨满教、未知生物等元素。在设计魔幻建筑时,也可以从历史中汲取精华,结合想象进行设计。如果要创作西式风格的魔幻建筑,通常会选取文艺复兴之前的某一历史时期的建筑作为创作蓝本;如果要创作东方风格的魔幻建筑,由于中式建筑不易保存的原因,一般会借鉴近代之前、唐代之后的建筑模式,当然也可以借鉴汉代建筑的资料(如汉墓壁画)。魔幻建筑如图 4-44 所示。

图 4-44　魔幻建筑

　　玄幻类型的作品主要立足于中国风格的武侠及仙侠世界的设定。在设计玄幻建筑时,应该参考中国古建筑的样式、等级、用途,加入中国本土神话和传说中的元素进行创意设计。特别要注意的是,武侠玄幻作品和仙侠玄幻作品在创作时稍有不同:武侠玄幻以"武"为核心,设计时应突出门派特色;仙侠玄幻具有道教和佛教文化的精神内核,在作品中应突出"修",强调"虚",表现角色经历磨难获得飞升的过程,场景设计则需追求视觉上的新奇感,唯美、空灵、虚幻的意境正符合仙侠类作品的要求。玄幻建筑如图 4-45 所示。

图 4-45　玄幻建筑

Shuzi Changjing Sheji

第五章
场景构图设计

5.1
场景构图的重要性

1)构图的重要性

场景构图决定了整个作品的基调和表现力,一个好的构图是场景作品成功的第一步,构图设计也能凸显一个设计师独特的审美趣味。对于构图设计的日常训练,应该特别加以重视,好的设计都是在不断地否定原始概念,以及不断地探索和优化中产生的。场景设计初学者应在设计一个完整场景之前,找到合理的构图样式,同时,绘制多个构图草稿并进行对比,最终甄选出最符合设计要求、表现力最强的草图并加以深化。平时,在进行场景概念的速涂练习时,也要重视构图这一环节。

2)如何有效提升构图水平

提升构图水平主要从量和质两方面入手。提升设计师的构图水平首先可以从量的方面入手,尝试不同主题的构图,或针对同一主题,从不同的视角出发,尝试不同的表现形式,以上都是构图的训练方法。当然,在水平提升训练中,不能只盲目追求数量,有的放矢地开展训练才会事半功倍,无章法、无目的的训练只会使自己的构图能力止步不前。

在质的方面,设计师可以制定目标,逐步提升单幅构图的复杂性,每进行新一轮的构图,都可以增加画面的元素数量和空间层次。另外,多对优秀作品的构图法则进行总结,也能提升自己的构图设计水平。

5.2
场景构图的设计标准

1)构图的主题

确定主题是否突出,以及自己想表达的主要内容是什么。定好主题,才有内容可添加。在主题设定的初期可以用文字进行表述。构图的主题如图 5-1 所示。

2)构图中的主体

在检查构图时,应注意画面中是否有主体,这个主体有没有放在最重要的位置上,能否形成视觉焦点。如果主体不明确,这幅构图将没有重点。在影视构图设计中,需要结合镜头的景别与摄像机的运动方式,避免出现场景设计远远重于人物设计的局面。构图中的主体如图 5-2 所示。

3)构图的视角

检查构图是否能简洁明了地突出作品的核心思想;能否合理引导受众的视线,使其注意到到主体物;在视线聚焦过程中,是否有干扰物影响核心主题的表达。电影视角的主观还是客观,还决定了构图的尺寸大

科幻主题

仙侠主题

图 5-1　构图的主题

图 5-2　构图中的主体

小。构图的视角如图 5-3 所示。

4）构图中的层次

在构图时，需要考量画面中的元素分层，需要基于主题、主体和设定的视角设计层次。首先需要使空间

仰视视角　　　　　　　　俯视视角

图 5-3　构图的视角

层次呈现出清晰的远、中、近关系，其次需要考虑每一个层次内各元素所占的比例；最后需要考虑各个元素
与负空间之间的关系。构图中的层次如图 5-4 所示。

图 5-4　构图中的层次

5）构图中的趣味点

在设计构图时，一般会在画面上设置一个或几个趣味点（见图 5-5）。人物的动态、建筑上的装饰、角落
里的道具、特殊的植物和动物，甚至是一个故事情节的展现，都有可能成为场景中的兴趣点。

图 5-5　构图中的趣味点

5.3
场景构图的形式

1)视平线与视中线构图

视平线与画者眼睛平行,是场景构图中第一个要确定的因素。构图中的视平线一般处于画面的纵向 1/2、1/3 或 1/4 的位置。视中线与画面垂直,一般会处在画面的横向 1/3 到 2/3 之间,画面的主体物和视觉核心区域一般都在视中线的附近。视平线与视中线构图如图 5-6 所示。

图 5-6　视平线与视中线构图

2)焦点透视构图

焦点透视也叫一点透视(见图 5-7)。场景设计中一般采用焦点透视来凸显纵深的空间感,画面一般会展现一条最主要的道路。室内或室外场景均可以使用焦点透视进行构图。当画面中的焦点特别靠近画幅边缘时,则要特别留意,场景有可能不再是焦点透视,而是成角透视。

图 5-7　焦点透视构图

3)成角透视构图

成角透视也叫两点透视(见图 5-8)。成角透视是运用最广泛的透视构图的手法之一。成角透视中,物体的体积感特别明显。绘制时画面内一般只有一个焦点,或者两个焦点都在画面外。如果在画面内存在两个焦点,则物体会形成较大的畸变。

图 5-8　成角透视构图

4)俯视空间构图

俯视空间构图(见图 5-9)多运用在鸟瞰图上,意在一览场景的全貌。

5)仰视空间构图

仰视空间构图(见图 5-10)主要凸显主体物的高大,或凸显环境的压迫感。

6)多平台空间构图

多平台空间构图(见图 5-11)需要设计两个或两个以上的空间平台,在画面上通过分层展示平台之间的落差关系。在平台与平台间,可以设计一些道路或引导物,让各个平台有机地联系起来。

7)多方向空间构图

多方向空间构图(见图 5-12)是在同一平台上,设计出网状结构的道路系统,并通过对道路的方向进行布局,把纵向、横向等多方向的空间链接在一起。道路两旁需要设置高矮不一的物体,以增加道路的复杂程度。

图 5-9　俯视空间构图

图 5-10　仰视空间构图

图 5-11　多平台空间构图

8)单一封闭空间构图

单一封闭空间构图(见图 5-13)是模拟剧场舞台的空间环境,一般用于表现室内场景,画面的核心是陈设道具的组合放置。

图 5-12　多方向空间构图

图 5-13　单一封闭空间构图

9)综合空间构图

　　综合空间构图(见图 5-14)是融合了多种简单构图方法的复杂的空间设计,通常容纳的内容较多,合理的视线引导方法是综合空间构图的关键。

图 5-14　综合空间构图

5.4
场景构图的景别

　　景别是指由于摄影机与被摄体的距离不同,而造成被摄体在摄影机录像器中所呈现的范围大小的区别。景别的划分一般可分为五种,由近至远分别为特写(指人体肩部以上)、近景(指人体胸部以上)、中景(指人体膝部以上)、全景(人体的全部和周围部分环境)、远景(被摄体所处环境)。在电影中,导演和摄影师利用复杂多变的场面调度和镜头调度,交替使用各种不同的景别,可以使影片剧情的叙述、人物思想感情的表达、人物关系的处理更具有表现力,从而增强影片的艺术感染力。

　　在不同类型的游戏中,选择的视角是不同的,但基本以第一人称视角或第三人称视角(见图5-15)作为视觉呈现的基础。因此,全景镜头或中景镜头的景别就是大部分游戏的不二选择,这两种类型的镜头可以很好地表现第一人称视角或第三人称视角。

图 5-15　游戏中的第一人称视角和第三人称视角

　　1)远景

　　远景一般用来表现远离摄影机的环境全貌,展示人物及其周围广阔的空间环境、自然景色和群众活动的场面。它相当于从较远的距离观看景物和人物,视野宽广,能包容广大的空间,人物较小,背景占主要地位,画面具有整体感,绘制时需要省略一些细节。

　　远景通常用于介绍大环境,奠定作品的基调,远景构图如图5-16所示。

　　2)全景

　　全景用来表现场景的全貌与人物的身体姿态,在影视剧中用于表现人物之间、人与环境之间的关系,主要分为大全景和全景,两者在取景大小上有差异。为了凸显环境的真实感,全景画面内的环境、陈设道具需要描述得详细一些,特别是室内全景,需要充分考虑环境道具体现的剧情和历史背景。全景比远景更能够全面阐释人物与环境之间的密切关系,可以通过特定环境来表现特定人物,在各类影视片中被广泛地应用。在大部分动作冒险类游戏里,全景也是最常用的景别之一。对比采用远景画面的场景设计,全景更能够展示出与角色的行为动作有关的环境,也可以在某种程度上影射角色的内心活动。

　　全景画面在叙事、抒情以及阐述人物与环境的关系上,起到了独特的作用,全景构图如图5-17所示。

图 5-16　远景构图

图 5-17　全景构图

3）中景

画面的下边框卡在人物膝盖以上部位称为中景画面，但一般不正好卡在膝盖部位，因为卡在关节部位是摄像构图中所忌讳的，如脖子、腰关节、腿关节、脚关节等。中景和全景相比，包容景物的范围有所缩小，环境处于次要地位，重点在于表现人物的上身动作，所以在设计中景构图、处理中景画面时要注意避免直线条式的死板构图。

中景是叙事功能最强的一种景别。在包含对话、动作和情绪交流的场景中，利用中景景别可以最有效地兼顾表现人物之间、人物与周围环境之间的关系。中景构图如图 5-18 所示。

4）近景与特写

画面的下边框卡到人物胸部以上或物体的局部称为近景画面。近景的屏幕形象是近距离观察角色的体现，所以近景能看清人物的细微动作，而环境通常会被模糊处理。近景与特写是表现人物之间感情交流的景别。近景着重表现人物的面部表情，传达人物的内心世界，是刻画人物性格最有力的景别。由于近景中的环境退于次要地位，因此画面构图应尽量简练，避免杂乱的背景夺取视线，常用长焦镜头拍摄，利用景深小的特点虚化背景。人物近景画面用人物局部背影或道具做前景可增加画面的深度、层次和线条结构。近景中一般只有一人作为画面主体，其他人物往往作为陪衬或前景处理。

画面的下边框卡在人物肩部以上或其他被摄对象的局部称为特写画面。尽管人物或景物都是存在于环境之中的，但是在特写画面里，我们几乎可以忽略环境因素的存在。由于特写画面视角小，景深小，景物

图 5-18　中景构图

成像尺寸大,细节突出,所以观众的视线已经完全被画面的主体占据,这时候环境完全处于次要的、可以忽略的地位。所以观众不易觉察出特写画面中对象所处的环境,我们可以利用这样的画面来转化场景和时空,避免不同场景直接连接在一起产生的突兀感。近景与特写构图如图 5-19 所示。

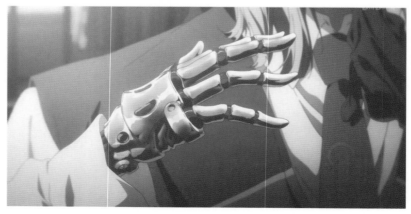

图 5-19　近景与特写构图

5.5
场景构图的故事性

1)镜头运动调动场景布局

摄影机的运动类型:主要包括推、拉、摇、移、跟、升、降、静止八种常规的镜头运动与调度方式(见图 5-20)。

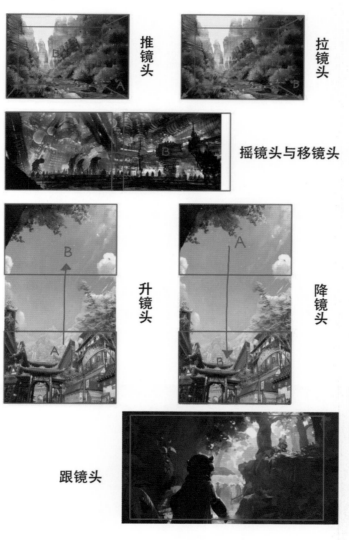

图 5-20　摄影机运动的构图表示方式

推、拉镜头实现画面的缩放,在设计场景时需要考虑场景的全局与细节的关系。

摇、移镜头需要在水平维度进行布局,组织好场景内的元素。

跟镜头需要在纵深维度进行布局,组织好场景内的元素。

升、降镜头需要在垂直维度进行布局,组织好场景内的元素。

　　静止镜头本身是不运动的,只能靠画面内的角色或交通工具提示空间布局,在设计时特别要注意场景布局的自身平衡和角色运动路线的平衡。

　　蒙太奇与场景设计:蒙太奇(Montage)在法语中是"剪接"的意思,后来发展成一种电影中镜头组合的理论。通常场景设计不需要考虑影视后期环节的镜头组接和剪辑方式,但为了更好地表达故事,需要通过场景元素的细节设计,暗示剧情的发展。例如,场景内景与外景的巧妙衔接、季节性元素的布置、指示线条的运用、醒目的纹样、暗示故事发展的线索,等等。场景设计中的蒙太奇如图 5-21 所示。

图 5-21　场景设计中的蒙太奇

2)特殊情绪的构图表达

　　在影视剧中,一般会通过远景、全景的布局渲染一种强烈的气氛,并利用几种独到的构图形式引发特殊的心理体验。常用的有,多重竖向线条表现出的阻碍感,大面积的暗部表现出的窥视感,镜头四周布置很多杂物表现出的封闭感,道路向画面中间延伸并使中部呈现盲区表现出的恐怖感。这些都是利用构图为观众带来特殊的情绪体验(见图 5-22)。

图 5-22　特殊情绪的构图表达

5.6
场景构图的步骤

1)主题设计

主题设计一般分为三个阶段,第一阶段是在阅读原著或剧本后,对作品的美术风格有了充分的了解,并设定作品的整体美学特征。第二阶段是笼统地搜集了有关时代背景视觉素材和地域背景视觉素材后,敲定相关的视觉元素使用规律和设计创新规律。第三阶段是针对一组镜头或单个镜头,进行素材搜集和精细化的主题设计。主题设计的三个阶段如图5-23所示。

第一阶段 线稿　　　　第二阶段 灰调　　　　第三阶段 上色调整

图5-23　主题设计的三个阶段

2)主体物的选择与设计

在构图设计初期,选定了主体物并分析了主体物的内涵与属性后,就可以敲定基本的构图样式。同时可以开始考虑场景辅助元素的设计。值得注意的是,在一幅画面中,人物的视觉吸引力一定是最强的,建筑次之,而自然环境元素一定弱于人文建筑元素。主体物的设计如图5-24所示。

3)空间层次布局

构图的空间层次布局(见图5-25)主要是梳理空间内各元素的分布逻辑。设计师首先要设计视角,其次要确认视觉焦点的位置,再按照水平空间、纵深空间、垂直空间的顺序梳理镜头内的元素,最后处理遮挡关系,合理安排元素在画面中所占面积的大小。

4)视觉引导设计

视觉引导线:主要是指观众在观看画面时不自觉地被构图布局牵引视线,由此而产生的特定的观看顺序。

通常在设计视觉引导线时可以利用以下5个技巧。

第一,透视引导(见图5-26)。这种引导方式主要是利用透视原理突出画面的主体物。在实际操作中一般会选择一点透视,利用向中心聚拢的透视线指示主体物的位置。

第二,元素引导(见图5-26)。利用场景中的元素,如云、雾、水、地面等的外轮廓形态指向需要突出的主体物的位置。

第三,角色视线引导(见图5-27)。利用设置的主要角色的视线方向作为引导,当主角看向画面内的某

次要元素

主体建筑

次要元素

第二主体物

图 5-24 主体物的设计

远景遮挡

中景遮挡

前景遮挡

图 5-25 空间层次布局

个地方,会形成一条隐藏的引导线,主角如看向画面外,这个主角本身就成为画面的主体。

第四,方向引导(见图5-28)。通过物件的摆放方向引导观众的视线。

第五,光影引导(见图5-28)。通过设置光源形成光影图案,进行视觉引导。一般使用斜侧光时,影子拉长,能强烈地表现主体物。

5)三维空间中的光线布局

在三维空间中,我们一般会设计近景、中景、远景三个维度的景物分布。为了更好地凸显主体,需要对

图 5-26　透视引导与元素引导

图 5-27　角色视线引导

图 5-28　方向引导与光影引导

光线的强弱进行控制。

在场景中,一般会给前景设置较暗的光线;中景部分安排足够亮的光线;远景或背景使用柔和、虚化的光线,以削弱远景的存在感(见图5-29)。

中景明亮

前景偏暗

远景虚化

图 5-29   三维空间中的光线布局

6)画面平衡

画面的平衡,是观者心理感受上的一种平衡,它通常与场景中的元素属性有关。使画面保持平衡是一项非常重要且复杂的工作,具体可以参考以下三种方法:

其一,物理平衡(见图5-30)。物理平衡主要是指场景内元素本身的大小、轻重关系。比如一块巨型岩石和一棵小型灌木比起来,巨型岩石自然就显得更重、更大。如果要把这两个物体平衡地放在画面上,那么巨型岩石一定更靠近画面中心,小型灌木则距画面中心稍远,贴近画纸边缘。同样,同等面积的云彩和空中交通工具比起来,云彩也要轻上许多。

图 5-30   构图的物理平衡

其二,对称平衡(见图5-31)。如果物体的外轮廓是对称的,或画面中的两组物体是对称排列的,那么就会达到一种视觉上的平衡。如果画面中的物体是非对称的,或两组物体并未对称排列,则会使画面产生动感,从而导致视觉上的失衡。一般来讲,建筑物的平衡感强于自然元素。

其三,动态平衡(见图5-32)。这主要是指画面由各种充满变化的因素(物理重量、面积大小、明度深浅、色彩饱和度、外轮廓规则度等)形成了一种微妙的平衡。在设计动态平衡时,一般会设计一条隐藏的动态线,以完成倾斜交错式的布局。总的来说,画面中暖色更重,冷色更轻;大的更重,小的更轻;规则物更重,不规则物更轻;粗糙质感更重,光滑质感更轻;深色更重,亮色更轻。

图 5-31　构图的对称平衡

图 5-32　构图的动态平衡

5.7
常见构图赏析

（1）水平构图如图 5-33 所示。

图 5-33　水平构图

（2）垂直构图如图 5-34 所示。

图 5-34　垂直构图

（3）对角线构图如图 5-35 所示。

图 5-35　对角线构图

（4）C 型构图如图 5-36 所示。

图 5-36　C 型构图

（5）S型构图如图5-37所示。

图5-37　S型构图

（6）三角形构图如图5-38所示。

图5-38　三角形构图

（7）封闭构图如图5-39所示。

图5-39　封闭构图

（8）失衡构图如图 5-40 所示。

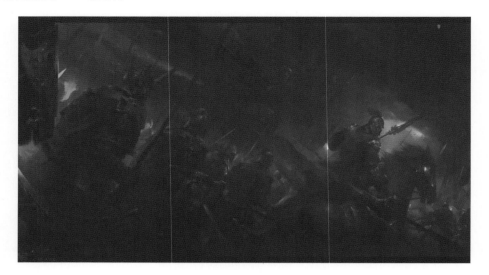

图 5-40　失衡构图

Shuzi Changjing Sheji

第六章
场景光影设计

6.1
场景光影设计基础

1)光源类型

在特效场景设计中,主光源一般分为自然光源和人工光源。

自然光源中最主要的是阳光,次要的是天光,夜景绘制时的主要光源是月光,其他光源包括云层反射光和其他星体光线。

人工光源中最主要的是各类人造灯光,次要的是建筑物的玻璃幕墙对阳光的折射和反射而产生的光线。下雨天湿滑的路面也会形成微弱的反射光线。

自然光源和人工光源影响下的场景如图 6-1 所示。

图 6-1　自然光源和人工光源影响下的场景

阳光一般是强烈的。如果要在画面中画出阳光的话,那么其面积一定是较小的(例如丁达尔光线)。阳光通常会产生明显的投影,投影的长度和方向可以反映一天当中的时间段。

天光是微弱的,面积较大。天光主要是指画面内如无明显的主光源,则会全面笼罩在一种统一的色彩氛围中(见图 6-2)。比如阴天的天光饱和度较低,夕阳映照下的天光呈现橙红色调。

当阳光照射到云彩、水体、浅色物体的表面时,通常会发生镜面反射、折射和漫反射。比如在晴朗的天气下,水体反射的光会投射到湖岸边的树林上,从而使树林比往常更亮;绘制玻璃窗内的场景时,也会因光的折射产生绚丽的效果。如果天空中有较厚的云层,那么阳光就无法直射到景物上,而是产生光线的漫反射,场景内的物体则削弱了亮部与暗部的对比。反光影响下的场景如图 6-3 所示。

图 6-2　不同天光影响下的场景

图 6-3　反光影响下的场景

　　人工光源的类型多种多样,在夜景的绘制中尤为突出(见图 6-4)。例如 LED 屏幕、路灯、各类霓虹灯、信号灯、交通工具上的灯光,等等。人工光源在设计时主要考虑光源的形状和强弱。人工光源多以有规律的排列方式、饱和度较高的色彩、明确的冷暖倾向为特点。

　　2)光源六要素

　　光源六要素是指光质、光型、光比、光色、光度、光位。

　　(1)光质。

　　光质是指拍摄所用光线的软硬性质,可分为硬质光和软质光(见图 6-5)。硬质光即强烈的直射光,如晴天的阳光,人工灯中的聚光灯、回光灯的灯光等。硬质光照射下的被摄体呈现如下特性:受光面、背光面及

图 6-4　都市夜景

投影非常鲜明,明暗反差较大,对比效果明显,有助于表现受光面的细节及质感,造成有力度、鲜活等视觉艺术效果。

软质光是一种漫散射性质的光,没有明确的方向性,不会在被照物上留下明显的阴影,如大雾中的阳光、泛光灯的灯光等。软质光的特点是光线柔和、强度均匀,形成的影像反差不大,主体感和质感较弱。

图 6-5　硬质光和软质光

(2)光型。

光型指各种光线在拍摄时的作用(见图 6-6)。

主光——又称"塑形光",用以显示景物、表现质感、塑造形象的主要照明光。

辅光——又称"补光",用以提高由主光产生的阴影部分的亮度,揭示阴影部分的细节,减小影像反差。

修饰光——又称"装饰光",在被摄景物的局部添加的强化塑形光线,如眼神光、工艺首饰的耀斑光等。

轮廓光——勾画被摄体轮廓的光线,逆光、侧逆光通常都用作轮廓光。

背景光——灯光位于被摄者后方,朝背景照射的光线,用以突出主体或美化画面。

(3)光比。

光比是指照明环境下被摄物暗面与亮面的受光比例。光比对画面的反差控制有着重要意义。如画面光照均匀,则光比为 1 比 1;如亮面受光是暗面的两倍,则光比为 1 比 4,以此类推(见图 6-7)。

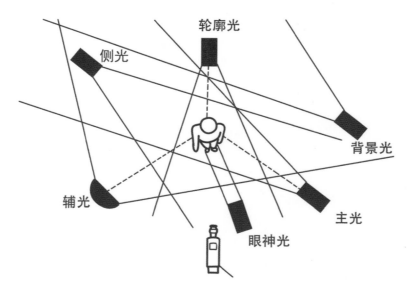

图 6-6 场景中的各种光型

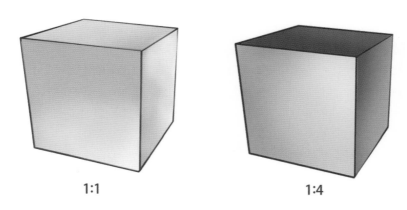

图 6-7 同一场景的两种光比

（4）光色。

光色是指光源的颜色或者数种光源综合形成的拍摄环境的光色成分。光色决定总色调的倾向,能够引起人们许多情感上的联想,对作品的表达起着非常重要的作用。在场景设计时,我们常将某一环境下光色成分的变化用色温来表示,色温表示光源颜色的尺度。同一场景的两种光色如图 6-8 所示。

图 6-8 同一场景的两种光色

（5）光度。

光度是指物体的表面受光源的照射所呈现出的亮度。光度与光源的种类、性质、发光强度、照射距离和被摄物表面的物理特性对光线的反射能力密切相关。在场景设计时,体现为整个画面的灰阶分布。同一场景的两种光度如图6-9所示。

图6-9　同一场景的两种光度

（6）光位。

光位是指光源相对于被摄体的位置,即光线的方向与角度。

光位是摄影用光中需要考虑的重要环节。不同光位的造型效果和质感表现大相径庭。我们常用的光位有顺光、侧面光(正侧光和前、后侧光)、逆光、顶光、底光。同一场景的不同光位如图6-10所示。

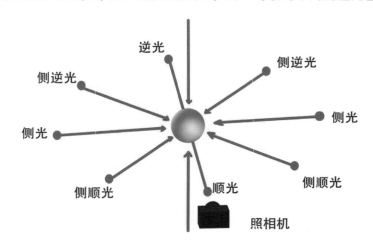

图6-10　同一场景的不同光位

3)光对场景明暗的影响

光的明暗等级(由暗到亮)如图6-11所示。

暗点。暗点是指物体上最暗的位置,但绘制时不一定要使用黑色。暗点是极其细碎的,一般是暗部与阴影的透叠。这些暗点具有明显的体积感。

明暗交界处。这是另一个很暗的位置,它是由于视觉对比而产生的一种心理感受,是一个虚实交错的区域。

灰部。灰部区域在场景中是最大的区域。亮灰的部分细节较多,物体的固有色更明显。暗灰的部分由天光主导整体的色彩倾向,细节稍少。

投影。投影强度与光源性质、光线强度有关,也与影子投射到的物体表面的材质有关。

反光。反光的程度需要考虑反光区域的大小、材质以及天光。反光的程度主要与反光物本身有关,表面粗糙的岩石和表面光滑的金属会有截然不同的反光效果。

亮部。亮部区域的大小与物体形态有关,也与光源远近有关。

高光。物体的高光有强有弱,有些是规则形状,有些则很模糊,不太容易辨认。

图 6-11　场景中的光线明暗分布

4)场景中的投影与倒影

投影的形态由以下三点决定。

其一,阳光的位置。阳光的位置决定影子长度。

其二,光线的角度。主要分为平光投影、侧光投影和顶光投影。

其三,投影是有虚实变化的,这主要缘于光线的衰减。所以投影在靠近被照射物体的边缘时,显得更加清晰实在,而远离物体边缘的位置,显得更加模糊。场景中的投影分析如图6-12所示。

图 6-12　场景中的投影分析

倒影主要是基于玻璃镜面、金属表面、水面等环境因素而产生的。垂直倒影一般是指水面产生的倒影;水平倒影一般指镜面的倒影(见图6-13)。在绘画时,可直接复制产生倒影的场景。

垂直倒影　　　　　　　　　水平倒影

图 6-13　场景中的倒影分析

　　绘制光影时也需要适当考虑透视规则,在绘制场景时需要合理地掌握光源、物体、投影三者之间的透视关系,这样可以更加精准地描绘写实场景。场景中的光影透视如图 6-14 所示。

图 6-14　场景中的光影透视

6.2
场景光影绘制技巧

　　(1)自然光线与光斑的绘制技巧(见图 6-15)。

　　(2)霓虹灯的绘制技巧(见图 6-16)。

　　(3)光晕与漏光的绘制技巧(见图 6-17)。

图 6-15　自然光线与光斑的绘制技巧

图 6-16　霓虹灯的绘制技巧

图 6-17　光晕与漏光的绘制技巧

（4）丁达尔光线的绘制技巧（见图 6-18）。

图 6-18　丁达尔光线的绘制技巧

（5）镜面反射倒影的绘制技巧（见图 6-19）。

图 6-19　镜面反射倒影的绘制技巧

6.3
场景光影设计步骤

1）场景光影设计的步骤

第一步，场景光影设计准备；第二步，光线布局；第三步，绘制投影和倒影；第四步，绘制光影细节；第五步，全局调整。具体如图 6-20 所示。

2）同一场景的多种光影对比训练

光线设计训练通常可以采用如下方法：针对同一场景，进行至少三种光影分布情况的速涂练习（见图 6-21），这样的训练有助于初级设计师更加清晰地意识到光影在场景设计中的作用，同时为后期进行天气系统设计提供了基础。

场景光影设计准备   **光线布局**

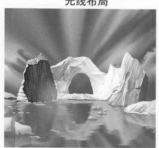

绘制投影和倒影   **细节光影**

全局调整

图 6-20   场景光影设计步骤

图 6-21   同一场景的三种光影分布设计

Shuzi Changjing Sheji

第七章
场景色彩设计

7.1
场景色彩设计基础

1)场景设计中的明度

明度指色彩的明暗程度,也可以称作亮度、深浅。黑色与白色是明度的两极。在所有可视色彩中,黄色的明度最高,紫色的明度最低,橙色、绿色、红色、蓝色的明度依次居于黄色和紫色之间。在色立体中,垂直轴表示明度的变化(见图7-1)。

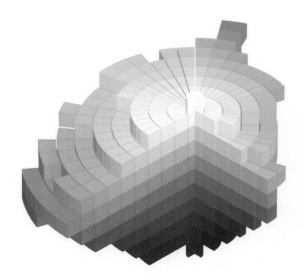

图 7-1　色立体

2)场景设计中的色相

色相(见图7-2)是色彩的首要特征,是区别各种不同色彩的标准。事实上,任何黑、白、灰以外的颜色都有色相的属性。色相即色彩所呈现出来的质地面貌,是由原色、间色和复色构成的。自然界中各个不同的色相是无限丰富的,如紫红、银灰、橙黄等。

无色系主要是黑、白、灰;有色系主要是红、橙、黄、绿、蓝、紫。

3)场景设计中的纯度

纯度指色彩的纯净程度,即饱和度、鲜艳度。在任何色彩中加入黑、白、灰,它的纯度都会降低。人眼对不同波长的光敏感程度不同,这会直接影响人对色彩纯度的认知。红色是纯度最高的颜色,其次是橙色、紫色,蓝色、绿色较低。纯度对比较明度对比、色相对比更柔和、更含蓄,它的对比作用是潜在的。对比越强,越能增强配色的艳丽程度,且生动、活泼的情感倾向更加明显。

不同的色彩纯度会引发观者的不同感性联想,例如:

高纯度,色彩饱和度高,体现出积极、冲动、膨胀、快乐、热闹、活泼、生机勃勃的感觉。

中纯度,色彩饱和度适中,体现出中庸、平和、文雅的感觉。

低纯度,色彩饱和度较低,体现出平淡、消极、陈旧、无力、悲观、自然、简约、超凡、安静、随和的感觉。

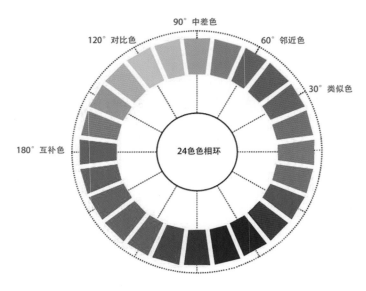

图 7-2　色相

三种不同的色彩纯度如图 7-3 所示。

图 7-3　三种不同的色彩纯度

4）场景设计中的冷暖

冷暖色指色彩心理上的冷热感觉（见图 7-4）。红、橙、黄、棕等色往往给人炽热、兴奋、热情、温和的感觉，所以将其称为暖色。绿、蓝、紫等色往往给人镇静、凉爽、开阔、通透的感觉，所以将其称为冷色。色彩的冷暖感觉又被称为冷暖性。色彩的冷暖感觉是相对的，除橙色与蓝色是色彩冷暖的两个极端外，其他许多色彩的冷暖感觉都是相对存在的。比如说紫色和绿色，紫色中的红紫色较暖，蓝紫色则较冷；绿色中的草绿色带有暖意，翠绿色则偏冷。

5）场景设计中的色彩构成

色彩只有在对比中才能产生节奏，包括以下方面：

其一，以明度为主的对比。因明度差异形成的色彩对比，画面效果倾向于写实风格（见图 7-5）。

其二，以色相为主的对比。因色相差异形成的色彩对比。画面效果倾向于表现风格（见图 7-6）。

其三，以纯度为主的对比。因纯度差异形成的色彩对比，画面效果介于写实和表现之间（见图 7-7）。

其四，以冷暖为主的对比。因冷暖差异形成的色彩对比，画面效果倾向于突出强烈的心理感受（见图 7-8）。

图 7-4　色彩的冷暖的感觉

图 7-5　以明度对比为主的场景设计

图 7-6　以色相对比为主的场景设计

图 7-7 以纯度对比为主的场景设计

图 7-8 以冷暖对比为主的场景设计

其五,以面积为主的对比。面积对比悬殊时,面积大的为主色,面积小的为辅色(见图 7-9)。

图 7-9 以面积对比为主的场景设计

其六,以位置关系为主的对比。色彩在空间中都是处于某一位置,所以色彩对比不可避免地要与位置发生关系(见图7-10)。

图 7-10 色彩的位置关系

比如说,两个局部色彩距离较远时对比效果弱,邻近时对比效果适中,一色被另一色包围时对比效果强。

又比如说,画面中局部色彩与整体色彩之间可以形成一定的位置关系,我们可以设计一个几何型的中心、一个趣味中心或一些特殊边角等。越接近中心位置的对比越强烈,反之越弱。

另外,我们的眼睛有视觉补偿功能,当看到一种强烈的颜色之后会产生视觉残像。当色彩刺激引起视觉疲劳时,严重情况下会出现与原来相反的色光。任何颜色产生的视觉残像都是它的互补色,这是由人自我调节生理平衡的本能造成的。

例如,对着黑底上的红色注视一会,再去看白纸,看到的不是白色而是绿色。观众的自我生理调节主要表现为寻求互补色、寻求全色感、寻求中性灰。寻求互补色的方式主要是,在高明度下找低明度,在低明度下找高明度;在冷色下找暖色,在暖色下找冷色。寻求全色感,可以简单地以红、黄、蓝三色代替色彩总和,使眼睛在这个总和下得到满足。寻求中性灰,因为眼睛和大脑只有在中性灰的状态下才能变得安定。

所以说,在中性灰下最容易认识色彩,视觉不易产生偏差,不会产生视觉疲劳。色彩的补偿原则如图7-11所示。

图 7-11　色彩的补偿原则

7.2
场景色彩绘制方法

1)色彩速涂

　　色彩速涂是绘制场景经常使用的练习方式,要求设计师在 15~30 分钟内完成一幅场景的速涂练习。一般会事先准备好供参考的图片资料,或提前拍好需要练习的作品。直接采用 1~2 种基础笔刷,使用大色块进行场景绘制。这种画法的优点是能够快速进行大量的练习,捕捉到最原始直观的视觉感受。色彩速涂步骤如图 7-12 所示。

图 7-12　色彩速涂步骤

2）黑白叠色

黑白叠色是场景绘制中特别重要的一种技法，这是一种要求设计师先完成黑白素描稿，再进行图层叠色的技法。其绘画思维是先塑造场景内元素的立体感、质感、光影效果，再叠加色彩，适用于偏向写实风格的场景绘制。黑白叠色步骤如图 7-13 所示。

图 7-13　黑白叠色步骤

3）色块厚涂

色块厚涂是在色彩速涂的基础上深入描绘细节的一种技法，这种技法要求设计师忽略场景内各元素的体积感和质感，先完成色彩关系的构建，再进行局部的塑造。这种技法一般运用于表现性的场景设计，色彩绚烂、视觉效果丰富是其最大特点。色块厚涂步骤如图 7-14 所示。

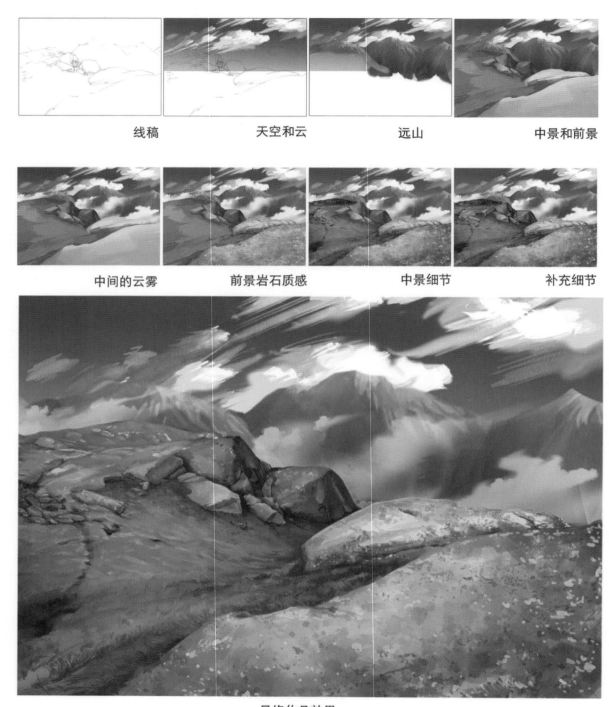

线稿	天空和云	远山	中景和前景
中间的云雾	前景岩石质感	中景细节	补充细节

最终作品效果

图 7-14　色块厚涂步骤

4) 赛璐璐薄涂

赛璐璐薄涂是以高完成度的线稿为基础,先规整、平铺颜色,然后根据画面需要添加暗部,其画风给人整洁、清晰的感觉,步骤也比较规范,适合日系平面场景。赛璐璐薄涂步骤如图 7-15 所示。

线稿　　　　　　　　大色调　　　　　　　　建筑造型

建筑光影　　　　　　建筑细节　　　　　　　光效添加

最终作品效果

图 7-15　赛璐璐薄涂步骤

7.3
色彩心理与色彩风格

1)色彩心理

心理学家认为,人的第一感觉就是视觉,对视觉影响最大的则是色彩。人的行为之所以会受到色彩的影响,是因为人的行为很多时候容易受到情绪的支配,而色彩能影响人的情绪。这是因为颜色源于大自然的先天因素,蓝色的天空、鲜红的血液、金色的太阳……看到这些与大自然的先天色彩一样的颜色,自然就会产生与这些自然物相关的感觉体验。这也可能是不同地域、不同国家和民族、不同性格的人对一些颜色有共同感觉的原因。

人常常感受到色彩对自己心理的影响,这些影响总是在不知不觉中发生作用,左右我们的情绪。色彩的心理效应有不同的层次,有些属直接的刺激,有些要通过间接的联想,更高的层次则涉及人的观念与信仰。不同色彩的心理联想如图 7-16 所示。

色彩		心理联想	
红		兴奋 热烈 激情 喜庆 高贵 紧张 奋进	
橙		愉快 激情 活跃 热情 精神 活泼 甜美	
黄		光明 希望 愉悦 阳光 明朗 动感 欢快	
绿		舒适 和平 新鲜 青春 希望 安宁 温和	
蓝		清爽 开朗 理智 沉静 深远 伤感 寂静	
紫		高贵 神秘 豪华 思念 悲哀 温柔 女性	
白		洁净 明朗 清晰 透明 纯真 虚无 简洁	
灰		沉着 平易 爱美 内向 消极 失望 抑郁	
黑		深沉 庄重 成熟 稳定 坚定 压抑 悲伤	

图 7-16　色彩的心理联想

2)色彩风格

风格是一种稳定、鲜明的表现形式。之所以被称为风格,而不是潮流,是因为潮流是在不断变化的,风格却有其稳定的特征。

色彩可以塑造风格。首先,色彩的明度差异可以塑造写实或抽象的风格。

其次,利用色彩带给人们的不同心理感受,又可以塑造引发不同情感体验的色彩风格(见图 7-17)。

最后,色彩还具有一定的社会意义和民族特色,所以色彩也可以展现出不同的文化风格。

图 7-17　游戏场景中的色彩风格

Shuzi Changjing Sheji

第八章
场景天气设计

8.1
场景中的天气

  场景中的天气设计,并不是简单地调整色调,而是根据需要对天气、季节、晨昏甚至地理环境等因素进行匹配。在影视作品中,根据剧情的需要合理地安排天气,可以很好地渲染场景气氛,烘托人物心情。这主要是因为大多数观众都会对特定天气产生联想和情感共鸣,例如,夕阳使人感到"近黄昏"的无限遗憾,大雨总是出现在角色感到绝望或让人极度伤感的场景中。在游戏中,天气系统的设计则主要是为了带给观众真实的环境体验,有些游戏还会根据天气设计增加细节玩法。例如,游戏大作《塞尔达传说:旷野之息》中,主角若在下雨天攀爬山体则会在中途滑落;如果在雷雨地区穿行,则有一定概率遭受雷击,从而丧失生命。

  通过以上案例我们可以看出,天气设计是相当有创造性的工作,在影视、动画、游戏中都是必不可少的工作环节,发挥着不同的作用。影视、动画、游戏中的天气设计如图 8-1 所示。

图 8-1   影视、动画、游戏中的天气设计

1)晴天和阴天

  光源是影响天气设计的最主要原因。以白天为例,晴天和阴天天气下的场景将呈现完全不同的特色。

  晴天光线充足,场景内的元素明暗对比强烈,色彩更加明艳。如果以日光为直射光,绘制光照下的区域,能表现极强的立体感,但轮廓明显的同时会损失质感;如果以天光为主光源,绘制光照下的阴影区域,能表现景物细部的细腻质感,画面层次也会丰富许多。晴天的室外场景如图 8-2 所示,室内场景如图 8-3 所示。

图 8-2   晴天的室外场景

图 8-3　晴天的室内场景

　　阴天的光线主要呈漫反射状态,太阳光透过厚厚的云层,散射开来,场景内的元素呈现出丰富的灰色调,色彩变化丰富而微弱。阴天中的景物,其立体感会适当削弱,轮廓也没有了清晰的边界,景物的冷暖关系也变得非常微弱。阴天的室内、室外场景如图 8-4、图 8-5 所示。

图 8-4　阴天的室内场景

　　无论是晴天还是阴天,绘制的重点都应该放在天空、云彩、景物本身及其阴影上。

　　2)雨景

　　雨景是天气变化效果非常多的一种场景,初春的细雨、夏季的暴雨、秋季的冷雨都有着不同的美感。雨景是不好描绘的,没有固定的形状也没有明显的色彩,不像雪可以改变景物的面貌,比缥缈的云雾还难以表现。喜怒无常的雨除了会营造朦胧潮湿的氛围外,还会弱化景物的轮廓,增加地面上的水渍,使整个场景空间呈现出氤氲的美感。

　　雨景的描绘通常通过三个手段,第一个手段是直接描绘雨;第二个手段是描绘伴随雨出现的乌云、闪电

图 8-5　阴天的室外场景

等元素;第三个手段是突出潮湿地面的倒影和反光。野外雨景和城市雨景如图 8-6、图 8-7 所示。

图 8-6　野外雨景

图 8-7　城市雨景

3)雪景

雪景是非常具有表现力的一种天气场景。冰天雪地的场景,常常带有苍茫、高旷的美感,给人以伟峻、静穆、圣洁、一尘不染的感觉。如果场景中正在下雪,那么这一场景中的天空应呈现冷白色调,而雪后极有可能会放晴。

　　雪地中的影子一般不应画得太深,雪堆的亮部呈现偏浅橙色或浅粉色的暖调,暗部则呈现非常明显的蓝色。大雪后的景象如图 8-8 所示。雾凇是低温时空气中的水汽直接凝华,或雾滴直接冻结在物体上形成的乳白色冰晶沉积物,是非常有特色的自然奇观,在表现雪景时常常可以用到。暴风雪也是描绘雪景时常常绘制的天气(见图 8-9)。

图 8-8　大雪后的景象

图 8-9　暴风雪景

8.2
场景中的时间

1)早晨与黄昏

　　早晨和黄昏的绘制有相似之处,比如光线强度和光照角度都有类似的地方,其共同点主要体现在光线质感普遍偏柔和,色温偏低,光线照射角度低,物体的投影很长。

设计师可以将早晨和黄昏时段的太阳作为画面的表现主体之一画出来,也可以仅仅利用光线的丁达尔效应作为时间暗示。早晨的色温相对黄昏而言要高一些,所以早晨的色调以冷灰色为主,黄昏的色调以暖灰色为主。

早晨和黄昏时段,云霞、晨雾、暮霭这些元素都可以作为衬托画面主观情绪的重要手段(见图8-10)。相对来说,早晨的云彩显得更通透,黄昏的云彩可以强调夕阳逆光造成的金边效果。无论是早晨还是黄昏,都可以将天空中比较厚的云彩描绘得更亮些,这一点和白天天空中的云彩明度关系是相反的。

图 8-10　早晨和黄昏的场景

由于设计场景时需要渲染不同的情感氛围,我们还是要对早晨和黄昏进行区分。我们可以根据一些经典的写景诗句,描绘出一系列的景物,以此来衬托作品的主观情绪。如虞世南的《凌晨早朝》中的"万瓦宵光曙,重檐夕雾收",又如李商隐的《登乐游原》中的"夕阳无限好,只是近黄昏"。

2)白天

场景设计时,需要区分早上、中午、下午三个时段。在一幅场景中,这三个时间段最明显的差异依旧是光线的质感和影子的长度(见图8-11)。因为场景中明暗面的比例、影子的角度和面积是非常影响画面效果的,所以在构图的阶段就要考虑场景设计呈现的时间段。

3)夜晚

夜晚的场景设计有非常多可以表现的主题,其中比较重要的就是城市夜景。因城市中人工光源和建筑

图 8-11　同一场景的不同时段

类型的不同,衍生出不同风格的城市夜景:以现代主义建筑为创作背景的夜景,体现出冷静、理性的设计理念;以科幻建筑为创作背景的夜景,体现出设计师对未来的想象;以赛博朋克为创作风格的夜景,体现出高科技、低生活的设计理念;以复古工业建筑为创作背景的夜景,体现出沧桑、厚重、压抑的视觉感受(见图 8-12)。以上类型的夜景设计都是建立在设计师对人类文化的深度思考之上的。

图 8-12　不同风格的夜景

　　还有一类夜景也常常出现在场景设计中,即带有西方魔幻色彩或东方玄幻色彩的场景设计中。因为在设计这类场景时参考的历史背景都是发明电灯之前的时代,所以夜晚的光源都是借鉴闪电、火山、火焰等原始光源的视觉效果,再加以变化而成。

8.3
场景中的季节

　　在天气系统的设计中,有时会进行这样的练习:表现同一场景在不同天气、时段的效果(见图 8-13)。在设计时要充分利用场景中的植物景观来营造四季的变化。

图 8-13　同一场景的不同天气、时段设计

Shuzi Changjing Sheji

第九章
场景规划设计

9.1
场景规划设计基础

1)场景规划设计图的作用

场景规划设计图主要是对一些影视、动画、游戏作品中需要大量建设虚拟场景的部分进行总体规划和设计,以确保这些场景设计与作品的整体美术风格保持一致,并符合影视、动画、游戏作品的时代和文化背景。

场景规划设计图也是前期进行概念设计、气氛设计的操作指南,是后期进行数字绘景、3D建模的重要技术参考。

场景规划设计图纸包括以下内容:场景设计项目名称、设计背景阐述及设计资源说明、平面规划图、轴侧式规划图、沙盘式规划图、整体气氛图、风格参考资源、细节设计说明图、主要建筑的平立面及立体效果图、光影设计描述、色彩搭配描述。这些设计图一般采取拼合或分页排版的形式,作为影视、动画、游戏创作的重要资料进行保存。场景规划图纸案例如图9-1所示。

图 9-1 场景规划图纸案例

2)场景规划设计图的种类

场景规划图主要分为平面设计图、立面设计图、2.5D 轴侧设计图、立体沙盘设计图、气氛设计图(见图 9-2)。

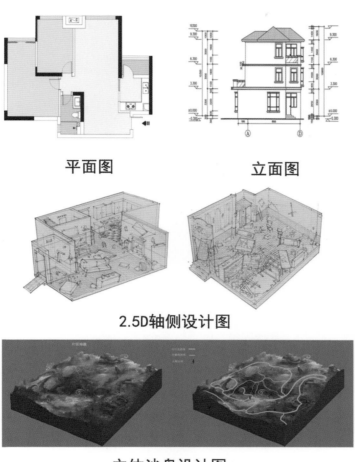

平面图　　　　　　　　立面图

2.5D轴侧设计图

立体沙盘设计图

气氛设计图

图 9-2　场景规划图的种类

3)场景规划设计的流程

场景规划设计的主要流程如下：

了解规划项目对场景设计的基本要求(影视、动画作品与游戏作品的要求会有所不同,具体请参考相关剧本或策划方案)—搜集相关背景资料—撰写文字设计方案—进行平面地形规划设计—进行立体地形规划设计—进行主要建筑规划设计—进行建筑细节及道具细节规划设计—进行统一调整及修改—最终完成规划设计任务。

9.2
场景规划设计方法

1)平面规划设计图

平面规划设计图中虽然不会使用立体手段表现环境和建筑,但也需要通过不同的形状和色彩标明区域。平面规划设计图如图 9-3 所示。单体建筑平面及立面图如图 9-4 所示。

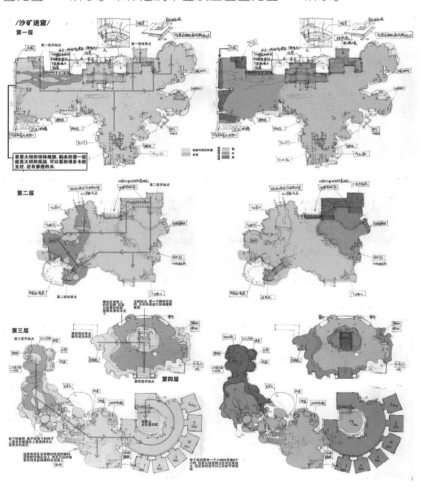

图 9-3　平面规划设计图

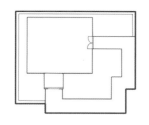

平面图　　　　　　　　　立面图

图 9-4　单体建筑平面及立面图

2）立体规划设计图

立体规划设计图需要规划角色活动的主要区域,使建筑能很好地融入地形和自然环境中。对于主要的活动区域,加入比较醒目的标志性景物,还要注意细节的深入刻画。立体地形图如图9-5所示。单体建筑立体图如图9-6所示。

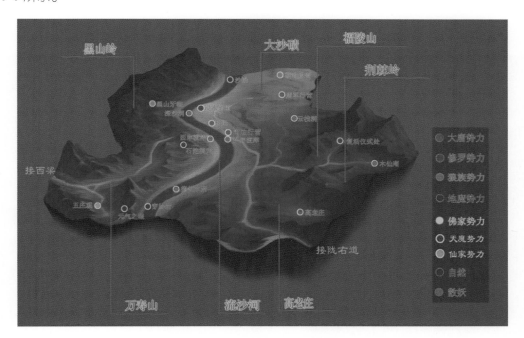

图 9-5　立体地形图

3）气氛图

气氛图(见图9-7)是场景设计中非常重要的部分,因为它是体现场景设计概念和艺术风格最为直观的手段。

气氛图的作用不同于平面规划设计图和立体规划设计图,气氛图的主要功能是视觉效果的展示,而另外两者的功能是以全局视角来说明设计思路。

4）道具设计图

在场景设计中,道具设计主要包括陈设道具和一部分交通工具。在一个影视、动画或游戏项目中,道具设计和制作一般都由一个独立或半独立的设计工作组完成。

图 9-6　单体建筑立体图

图 9-7　气氛图

　　我们规划设计的陈设道具一般不会直接参与到故事情节的发展中,而只是作为烘托场景气氛的辅助元素。设计陈设道具之前应该对相关史实进行充分调查,设计图上需要贴出相关资料,并进行简单的文字描述。建筑细节与陈设道具图如图 9-8 所示。

图 9-8　建筑细节与陈设道具图

参考文献
References

[1] 杨诺.动画场景设计[M].北京:清华大学出版社,2018.

[2] 李瑞森,杨建军,尤丹.游戏场景设计[M].北京:清华大学出版社,2016.

[3] 戴维·B.马丁利.数字绘景指南[M].周令非,金晟,译.北京:人民邮电出版社,2018.

[4] 草壁.漫画背景表现技法[M].庞倩倩,译.北京:中国青年出版社,2014.

[5] 陈丝纶.超人气CG漫画背景创作技法[M].北京:中国青年出版社,2016.

[6] 楼庆西.中国古建筑二十讲[M].北京:生活·读书·新知三联书店,2001.

[7] 弗朗西斯卡·普利纳.建筑鉴赏方法[M].孙萍,译.北京:北京美术摄影出版社,2016.

[8] 唐纳德·A.诺曼.设计心理学:3 情感化设计[M].何笑梅,欧秋杏,译.北京:中信出版社,2015.